Franz Gutmann · Energietechnik vom Kraftwerk bis zum Verbraucher

Energietechnik vom Kraftwerk bis zum Verbraucher

Dipl.-Ing. Franz Gutmann

Mit 140 Bildern und 52 Literaturstellen

Die Deutsche Bibliothek – CIP-Einheitsaufnahme

Gutmann, Franz:
Energietechnik vom Kraftwerk bis zum Verbraucher
/ Franz Gutmann. – Renningen-Malmsheim : expert-
Verl., 1994
(Reihe Technik)
ISBN 3-8169-1046-7

ISBN 3-8169-1046-7

Bei der Erstellung des Buches wurde mit großer Sorgfalt vorgegangen; trotzdem können Fehler nicht vollständig ausgeschlossen werden. Verlag und Autoren können für fehlerhafte Angaben und deren Folgen weder eine juristische Verantwortung noch irgendeine Haftung übernehmen. Für Verbesserungsvorschläge und Hinweise auf Fehler sind Verlag und Autoren dankbar.

Vorwort

Das vorliegende Buch ist als Zusammenfassung der Energietechnik gedacht und soll einen Überblick über die Vielzahl der Gebiete im Bereich der elektrischen Energietechnik vermitteln.
Die behandelten Fachgebiete entsprechen dem bayerischen Lehrplan für Technikerschulen der Fachrichtung Elektrotechnik mit dem Schwerpunkt Datenverarbeitungstechnik. Das Buch soll als allgemeiner Überblick und als einführendes Lehrbuch zur elektrischen Energietechnik verstanden werden, dabei wurde so weit wie möglich auf mathematische Herleitungen und Formeln verzichtet, diese können in einer Formelsammlung oder einem Tabellenbuch nachgeschlagen werden. Dafür wurde mehr Wert auf den Praxisbezug und verwendbare Abschätzungen im elektrotechnischen Bereich gelegt.
Mit diesem Buch ist es auch Fachleuten aus anderen Bereichen der Technik, wie z. B. dem Maschinenbau, möglich, sich einfach einen Überblick in der Elektroenergietechnik zu verschaffen. Durch den gegliederten Aufbau und den weitgehenden Verzicht auf mathematische Formeln ist das Buch auch an jeden gerichtet, der Interesse an der Entstehung, Verteilung und der Nutzung der elektrischen Energie hat.

Untergriesbach, Frühjahr 1994   Franz Gutmann

Inhaltsverzeichnis

Vorwort

3. Motoren am Gleichspannungsnetz 61

4. Erzeugung elektrischer Energie 73

1. Transformatoren, Anwendung und Berechnung

Transformatoren dienen in der Energietechnik in erster Linie dazu verschiedene Wechselspannungsebenen miteinander zu verbinden. Beispielhaft seien einige Spannungsebenen angeführt.
Vom Kraftwerksgenerator mit 20 kV Betriebsspannung auf 420 kV Spannung für die Überlandleitung.
Vom Höchstspannungsnetz mit 420 kV auf 110 kV Hochspannung in der Energieversorgung.
Von der überregionalen Versorgung mit 110 kV wird auf 20 kV für die örtliche Mittelspannungsversorgung transformiert.
Vom 20 kV Mittelspannungsnetz wird auf 400/230 V für unsere Hausanschlüsse transformiert.
Von der 230 V Steckdose wird z.B. auf 12 V für die elektrische Eisenbahn, also auf Schutzkleinspannung (U < 42 V) transformiert.
Aus dieser kleinen Aufzählung ist schon die Vielzahl der Transformatorenanwendungen zu erkennen, daraus ergibt sich auch eine große Spannweite der Transformatorenarten, die je nach Anwendungsbereich verschiedene Merkmale aufweisen, diese erlauben auch eine Einteilung der Transformatoren.

1.1 Einteilung von Transformatoren

1. nach der Leistung
   Kleintrafo < 16 kVA   Leistungstrafo bis 1000 MVA
2. nach der Spannung
   Niederspannungstrafo   Hochspannungstrafo
3. nach der Phasenzahl
   Einphasentrafo   Mehrphasentrafo (üblich 3)
4. nach der Kühlungsart
   Trockentrafo   flüssigkeitsgekühlter Trafo

Die Einteilungsvariante der Leistung ist nach VDE 550 vorgenommen, zusätzlich gilt für Transformatoren allgemein die Norm VDE 0532 oder DIN 57 532.
In dieser Norm VDE 0532 werden in erster Linie die Bezeichnungen der Betriebsgrößen angesprochen, die nachfolgend aufgelistet sind.

Oberspannung U_{10} Unterspannung U_{20}
Primärnennstrom I_{1N} Sekundärnennstrom I_{2N}
Nennspanung $U_{1N} = U_{10}$ (bei Oberspannungsspeisung)
Nennleistung $S_N = U_{2N} * I_{2N}$

1.2 Aufbau eines Transformators

Die meisten Transformatoren sind nach dem Prinzip: geschlossener Eisenkern, getrennte Primär- und Sekundärwicklung aufgebaut. Hieraus ergibt sich eine Vielzahl von Realisierungsmöglichkeiten.

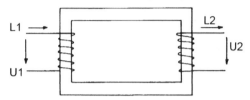

Bild 1.1: Aufbau eines Transformators

1.2.1 Transformatorenbleche

Beschäftigen wir uns als erstes mit dem Eisenkern des Transformators. Um eine möglichst verlustarme Leistungsübertragung von der Primär- auf die Sekundärspule zu gewährleisten sind besonders behandelte Bleche notwendig.

Zum Transformatorenaufbau wird kornorientiertes Eisenblech eingesetzt, dieses ist in Walzrichtung besonders leicht ummagnetisierbar, d.h. das Blech ist weichmagnetisch und weist einen kleinen Restmagnetismus auf. Der Siliziumanteil beträgt bis zu 4.5 %.

Die Blechstärken liegen im Bereich zwischen 0.05 mm und 0.5 mm, wobei die Frequenz die Blechstärke bestimmt. Je höher die Betriebsfrequenz, desto dünner ist das Blech um Wirbelstromverluste klein zu halten.

Aus dem gleichen Grund werden die Transformatorenkerne geblecht, d.h. die Kerne sind aus einzelnen voneinander isolierten Blechplatten aufgebaut, die verschraubt oder vernietet werden. Als Isolation verwendet man hauptsächlich Lacke (6-10 μm Schichtstärke), Phosphatschichten (2-3 μm) und Oxidschichten (2-3 μm).

Ein weiterer Punkt, der für die Herstellung von Transformatoren als Massenware entscheidend ist, sind die Kernschnitte. Die genormten "Schnittmuster" für die rationelle Herstellung von Einphasentransformatoren werden bis 2 kVA und bei Drehstromtransformatoren bis 16 kVA verwandt. Verwendung finden M-, EI-, UI- und LL-Kernschnitte, die die nachfolgenden Bilder zeigen.

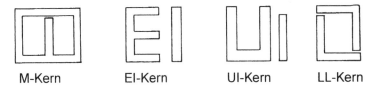

| M-Kern | EI-Kern | UI-Kern | LL-Kern |

Bilder 1.2: Verschiedene Kernquerschnitte

Der Vorteil von EI-, UI- und LL-Kernschnitt besteht darin, daß diese gegenüber dem M-Kernschnitt nahezu abfallos hergestellt werden können.
Bei Leistungstransformatoren handelt es sich um Einzelanfer-tigungen, hier werden die Bleche einzeln zugeschnitten und die Wick-lungen für jeden Großtransformator extra ausgeführt.

1.2.2 Wicklungsarten

Grundsätzlich werden zwei Wicklungsarten unterschieden.

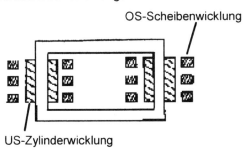

OS-Scheibenwicklung

US-Zylinderwicklung

Bild 1.3:Zylinder- und Scheibenwicklung

1. Die Zylinderwicklung,
   die hauptsächlich bei Kleinstransformatoren verwandt wird. Sie besteht aus lackiertem Kupferdraht und ist auf einen Spulenkörper gewickelt, der auf den Blechkern gesteckt wird.
2. Die Scheibenwicklung,
   die bei hohen Spannungen, vor allem bei Leistungstransformatoren eingesetzt wird. Sie besteht meist aus Kupfervierkantprofilen. Die Oberspannungswicklung (OS) wird über der Unterspannungswick-lung angebracht, so kann die Isolation der Unterspannungswicklung (US) mitbenutzt werden.

1.3 Physikalische Grundlagen des Transformators

1.3.1 Prinzipielle Wirkungsweise

Zunächst wird der ideale Transformator betrachtet, dabei werden alle ohmschen und magnetischen Verluste vernachlässigt.

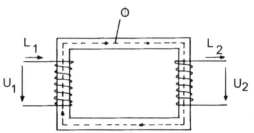

Bild 1.4: Transformatorenprinzip

Der primäre Wechselstrom ruft einen magnetischen Wechselfluß hervor, der sich im Eisenkern fortpflanzt. Die Sekundärspule wird von diesem durchsetzt und aufgrund der Flußänderung wird in dieser eine Wechselspannung induziert.

Wechselstrom => magnetischer Wechselfluß => Wechselstrom
Wechselspannung Wechselspannung

1.3.2 Die Transformatorenhauptgleichung

Es werden keine Verluste berücksichtigt. Die Transformatorenhauptgleichung läßt sich aus dem Induktionsgesetz herleiten und bildet die Grundlage der Transformatorengleichungen für das Übersetzungs-, Spannungs- und Stromverhältnis.

$$U_2 = N_2 * \frac{d\phi}{dt} \qquad (1.1)$$

Für den magnetischen Fluß gilt:

$$\phi = \frac{1}{N_1} \int U_1 dt \, ; \, \text{mit} \quad U_1 = 2 * U_1 * \cos\omega t \qquad (1.2)$$

$$\phi = \frac{\sqrt{2} * U_1}{N_1 * \omega} * \sin\omega t = \hat{\phi} * \sin\omega t \qquad (1.3)$$

Aus dem Maximalwert des magnetischen Flußes $\hat{\phi}$ läßt sich die Spannung U_1 bestimmen:

$$U_1 = \frac{\hat{\phi} * N_1 * \omega}{\sqrt{2}} = \frac{\phi * N_1 * 2 * \pi * f}{\sqrt{2}}$$

$U_1 = 4.44 * \hat{\phi} * N_1 * f;$ Transformatorenhauptgleichung (1.4)

Ergänzt man die Transformatorenhauptgleichung mit

$$\hat{\phi} = \hat{B} * A_{Fe} \tag{1.5}$$

so ergibt sich eine für die Praxis verwertbare Formel. Transformatorenkerne mit geblechtem Aufbau sind für eine magnetische Flußdichte $\hat{B}$ von 1.2 Tesla ausgelegt. Schnittbandkerne können höher belastet werden, diese sind für 1.8 Tesla ausgelegt.

$$U_1 = 4.44 * \hat{B} * A_{Fe} * N_1 * f \tag{1.6}$$

Das Übersetzungsverhältnis läßt sich ebenfalls aus diesen Gleichungen ableiten.

$$U_{20} = N_2 * \frac{U_{10}}{N_1} * \cos \omega t \tag{1.7}$$

Zum Zeitpunkt Null t = 0 folgt aus obiger Gleichung:

$$U_{20} = \frac{N_2}{N_1} * U_{10} \tag{1.8}$$

Das Übersetzungsverhältnis eines Transformators läßt sich nun als Verhältnis der Spannungen bzw. der Windungszahlen definieren.

$$\ddot{U} = \frac{U_{10}}{U_{20}} = \frac{N_1}{N_2} \tag{1.9}$$

Unter Einbeziehung der Leistungen ($P_1 = P_2$) und der Widerstände kann ebenfalls das Übersetzungsverhältnis bestimmt werden, allerdings ist zu beachten, daß die Verluste vernachlässigt werden.

$$\ddot{U} = \frac{U_{10}}{U_{20}} = \frac{P_1 / I_1}{P_2 / I_2} = \frac{I_2}{I_1} \tag{1.10}$$

$$\ddot{U} = \frac{U_{10}}{U_{20}} = \sqrt{\frac{P_1 * Z_1}{P_2 * Z_2}} = \sqrt{\frac{Z_1}{Z_2}} \tag{1.11}$$

1.4 Der reale Transformator

1.4.1 Das Ersatzschaltbild

Bei der vorangegangenen Betrachtung des Transformatorprinzips sind wir von idealen Bedingungen ausgegangen. Für das Ersatzschaltbild des *realen* Transformators müssen aber die Verluste in die Betrachtung miteinbezogen werden. Jede Spule und damit jeder Transformator besitzt Verluste in Form von:

1. Kupferverluste, die durch den ohmschen Widerstand des Wicklungsdrahtes entstehen,
2. Eisenverluste, diese entstehen zum einen durch Wibelströme im Eisenkern, diese sucht man durch die Blechung des Kerns zu minimieren und zum anderen durch Hystereseverluste, die durch die Ummagnetisierung des Eisenkerns entstehen,
3. Streuverluste sind magnetische Verluste. Nicht alle Magnetfeldlinien verlaufen im Eisenkern, einige werden durch die Luft geschlossen, somit sind diese nur mit einer Spule verkettet und dienen nicht zur Leistungsübertragung.

Kupfer- und Eisenverluste jeder Wicklung werden zusammengefaßt und stellen sich als ohmsche Verluste dar, die als Widerstände R_1 und R_2 im Ersatzschaltbild bezeichnet werden. Für die Widerstände der Streuinduktivitäten werden X_{s1}; X_{s2} eingesetzt und die Widerstände der Hauptinduktivitäten bezeichnet man mit X_{h1} und X_{h2}.

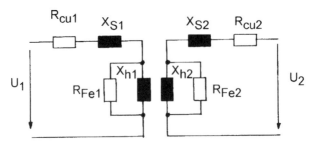

Bild 1.5: Ersatzschaltbild eines Transformators

Dieses Ersatzschaltbild ist aber noch nicht geeignet um bei Netzwerkberechnungen eingesetzt zu werden. Das Übersetzungsverhältnis ermöglicht uns, die Sekundärwerte auf die Primärseite zu transformieren, dadurch ergibt sich ein Vierpol der berechenbar ist. Die ohmschen Widerstände werden zusammengefaßt, um die Berechnung zu vereinfachen.

$$X'_{s2} = X_{s2} * \ddot{U}^2 \quad (1.12) \qquad X'_{h2} = X_{h2} * \ddot{U}^2 \quad (1.13)$$
$$R'_2 = R_2 * \ddot{U}^2 \quad (1,14) \qquad X_{h1} = X'_{h2} \quad (1.15)$$

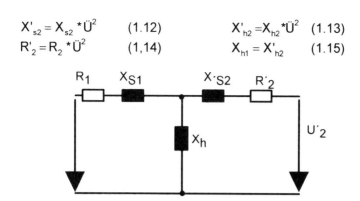

Bild 1.6: Das T-Ersatzschaltbild

Um in der Technik verwertbare Daten über einen Transformator zu gewinnen, werden zwei einfache Meßverfahren eingesetzt.

1.4.2 Der Leerlaufversuch

Durch den Leerlaufversuch ist es möglich, die Eisenverluste R_{Fe}, die in etwa stromunabhängig sind und den Widerstand der Hauptinduktivität X_h zu bestimmen. Zu beachten ist, daß der Leerlaufversuch bei Nennspannung und Nennfrequenz durchgeführt wird.

! Lebensgefährliche Spannungen !

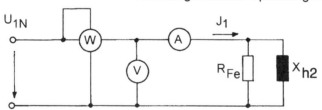

Bild 1.7: Meßordnung für den Leerlaufversuch

Aus den Messungen ergeben sich die verbrauchte Wirkleistung (P_{Fe}), der Gesamtstrom I_1 und die Spannung U_{1N}. Mit diesen Daten lassen sich der Widerstand der Hauptinduktivität X_h und der Eisenverlustwiderstand R_{Fe} bestimmen.

$$P_{Fe} = U^2_{1N} / R_{Fe} = > R_{Fe} = U^2_{1N} / P_{Fe} \qquad (1.16)$$

$$S_1 = U_{1N} * I_1 \qquad (1.17)$$

$$\cos\varphi = P_{Fe} / S_1; \text{ wobei gilt: } 0.1 < \cos\varphi < 0.15 \qquad (1.18)$$

- $$Q_1 = S_1 * \sin\varphi \qquad (1.19)$$

$$X_h = U^2_{1N} / Q_1 = U^2_{1N} / (I_1 * \sin\varphi) \qquad (1.20)$$

1.4.3 Der Kurzschlußversuch

Aus dem Kurzschlußversuch lassen sich die beiden noch fehlenden Größen, die Kupferverluste und die Streuinduktivitäten bestimmen.

Achtung: Kurzschlußmessung nicht bei Nennspannung durchführen, da der zu große Kurzschlußstrom den Transformator zerstört!

Die Primärspannung, mit Nennfrequenz, wird von *Null* an solange erhöht, bis der primäre Nennstrom I₁ₙ fließt. Aus der Spannung Uₖ, dem Strom I₁ₙ und der verbrauchten Wirkleistung Pᴄᵤ lassen sich der Leistungsfaktor, die Kupferwiderstände und der Widerstand der Streuinduktivitäten berechnen.

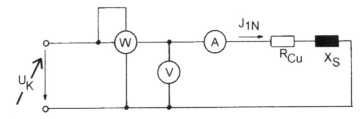

Bild 1.8: Meßanordnung für den Kurzschlußversuch

Die Formeln sind ähnlich der vorangegangenen Berechnung unter Kap.1.4.2.

$$R_{cu} = U^2_k / P_{cu} \qquad (1.21)$$

$$S_1 = U_k * I_{1N} \tag{1.22}$$
$$\cos\varphi = P_{cu} / S_1; \text{ wobei gilt: } 0.4 < \cos\varphi < 0.8 \tag{1.23}$$
$$X_s = U_k / (I_{1N} * \sin\varphi) \tag{1.24}$$

Zu beachten ist noch, daß sich die ermittelten Widerstände R_{cu} und X_s aus der Summe der Primär- und Sekundäranteile ergeben (siehe auch Kap. 1.4.1).
Die Spannung U_k wird meistens auf die primäre Nennspannung des Transformators bezogen, damit erhält man ein wichtiges Vergleichskriterium bei Transformatoren, die *relative Kurzschlußspannung* u_k, besonders ist diese bei der Parallelschaltung von Transformatoren zu beachten (siehe Kap. 1.5). Die Angabe erfolgt in Prozent der Nennspannung und ist bei allen Leistungstransformatoren auf dem Leistungsschild angegeben.

$$u_k = \frac{U_k}{U_{1N}} * 100\% \tag{1.25}$$

u_k = relative Kurzschlußspannung
U_k = gemessene Kurzschlußspannung
U_{1N} = Nennspannung

Je nach Verwendungszweck werden Transformatoren verschieden ausgelegt und aufgebaut. Dies gibt die Möglichkeit, die Kurzschlußspannung je nach Einsatzzweck zu beeinflussen. Nachfolgend sind einige Beispiele von Transformatorenarten und deren Kurzschlußspannungsbereich aufgeführt.

Leistungsdrehstromtransformator: 4 - 10%
Schutztransformator: 15%
Spielzeugtransformator: 20%
Klingeltransformator: 40%
Zündtransformator: 100%

Welche Bedeutung haben nun niedrige oder hohe Kurzschlußspannungen? Nehmen wir den obigen Meßaufbau zuhilfe. Eine niedrige Kurzschlußspannung heißt, ohmsche und induktive Widerstandswerte sind klein. Somit ist die Sekundärspannung relativ unabhängig vom sekundären Stromfluß. Transformatoren mit niedriger Kurzschlußspannung nennt man daher spannungssteif.
Eine hohe Kurzschlußspannung bedeutet somit, daß ohmsche und induktive Widerstandswerte groß sind und dadurch einen beachtlichen Reihenspannungsabfall, je nach Stromfluß, hervorrufen. Die Sekundärspannung ist somit stromabhängig. Solche Transformatoren bezeichnet man als spannungsweich.

1.5 Der Parallelbetrieb von Transformatoren

Für einen störungsfreien Parallelbetrieb von Transformatoren müssen insgesamt *fünf Bedingungen* erfüllt sein, eine ist im vorgehenden Kapitel 1.4.3 bereits angesprochen worden. Die Kurzschlußspannung muß bei Parallelschaltung von zwei Transformatoren etwa gleich sein, um eine gleichmäßige Leistungsverteilung sicherzustellen.

Die fünf Bedingungen:
1. Die Kurzschlußspannungen müssen etwa gleich sein.
2. Die Primär- und Sekundärspannungen müssen gleich sein.
3. Das Nennleistungsverhältnis sollte nicht größer als 1:3 sein.
4. Bei Drehstromtransformatoren müssen beide die gleiche Schaltgruppe besitzen (siehe Kap. 1.8).
5. Bei Drehstrom muß auf gleiche Phasenfolge geachtet werden, sonst entstehen Kurzschlüsse.

Bei Nennbetrieb können die Hauptinduktivität und die Eisenverluste vernachlässigt werden, somit ergibt sich nachfolgendes Ersatzschaltbild zweier parallel geschalteter Transformatoren.

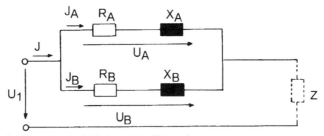

Bild 1.9: Ersatzschaltbild zweier Transformatoren

Die Stromaufteilung stellt sich als, $I = I_A + I_B$ dar. Durch die Annahme $X_A / R_A = X_B / R_B$, d.h. die Phasenwinkel haben dieselbe Lage, ergibt sich für die Stromaufteilung $I = I_A + I_B$ und der Reihenspannungsabfall ist ebenfalls gleich $U_A = U_B$. Aus diesen Überlegungen läßt sich der Zusammenhang zwischen der Strombelastung und der relativen Kurzschlußspannung herleiten.

$$U_A = U_B => I_A * Z_A = I_B * Z_B \qquad (1.26)$$

$$I_A * U_{kA} / I_{AN} = I_B * U_{kB} / I_{BN} \qquad \text{Erweiterung mit } U_N/U_N$$

$$I_A / I_{AN} \underbrace{^*U_{kA} / U_N}_{U_A} = I_B / I_{BN} \underbrace{^*U_B / UK_{KB}}_{U_B} \quad \text{mit } I = I_A + I_B$$

$$I_A = I * \cfrac{1}{1 + I_{BN} / I_{AN} {}^* u_A / u_B} \tag{1.27}$$

$$I_B = I * \cfrac{1}{1 + I_{AN} / I_{BN} {}^* u_B / u_A} \tag{1.28}$$

Zwei einfache Beispiele sollen an dieser Stelle nochmals die Bedeutung der relativen Kurzschlußspannung aufzeigen. Zwei Transformatoren mit gleicher Scheinleistung und gleicher relativer Kurzschlußspannung werden im ersten Beispiel parallelgeschaltet. Für die Belastung der Transformatoren ist die wirkliche Stromverteilung von I_A und I_B interessiert.

Beispeil 1: $u_A = u_B; S_A = S_B \Rightarrow I_{NA} = I_{NB}$

> Aus den obigen Formeln ergibt sich, daß die beiden Ströme gleich groß sind und jeweils die Hälfte des Gesamtstroms beträgt.
>
> $I_A = I_B = 1 / 2 * I$

Bei dem zweiten Beispiel wird wieder von der gleichen Scheinleistung ausgegangen, aber jetzt besitzt Transformator A eine relative Kurzschlußspannung, die halb so groß ist wie die des Transformators B.

Beispiel 2: $u_A = 1 / 2 * u_B; S_A = S_B \Rightarrow I_{NA} = I_{NB}$

> Aus den obigen Formeln ergibt sich, daß sich jetzt die Lastströme *nicht* mehr gleichmäßig verteilen.
>
> $I_A = 2 / 3 * I; I_B = 1 / 3 * I$
>
> Damit besteht die Gefahr, daß Transformator A überlastet wird!

Diese Beispiele stellen nochmals heraus, daß bevor Transformatoren zusammengeschalten werden außer der Betriebsspannung auch die relative Kurzschlußspannung berücksichtigt werden muß.

1.6 Transformatorenwirkungsgrade

1.6.1 Der Leistungswirkungsgrad

Allgemein ist der Wirkungsgrad als Quotient der abgegebenen und der aufgenommenen Leistung definiert, wobei der Wert 1 nicht überschritten werden kann.

$$\eta = \frac{P_{ab}}{P_{zu}}; 0 < \eta < 1 \qquad (1.29)$$

Bei Transformatoren können die Verluste (Eisen- und Kupferverluste) durch Leerlauf- und Kurzschlußmessung (siehe Kap. 1.4.2/1.4.3) bestimmt werden. Damit ist es möglich, die zugeführte Leistung als Summe der abgegebenen und der Verlustleistungen zu berechnen.

$$P_{zu} = P_{ab} + P_{VFe} + P_{VCu} \qquad (1.30)$$

Die Eisenverluste kann man als konstant ansehen, da diese durch Wirbelströme und Ummagnetisierung hervorgerufen werden und diese kaum von der Belastung abhängig sind.
Die Kupferverluste sind duch den Nennstrom bestimmt worden und somit strom- und lastabhängig, d.h. mit kleiner werdender Belastung sinken auch die Kupferverluste.

$$P_{Cu} = P_{NCu} \frac{(I_1)^2}{(I_{1N})^2} \qquad (1.31)$$

Zusammenfassend ergibt sich für Transformatoren als Wirkungsgrad die Form:

$$\eta = \frac{P_{ab}}{P_{ab} + P_{VCU} + P_{VFe}}; \qquad (1.32)$$

wobei Transformatoren im Vergleich mit anderen technischen Geräten einen hohen Wirkungsgrad aufweisen, der von 60% bei Kleintransformatoren mit 4 VA bis zu 99% bei Leistungstransformatoren mit 1 GVA reicht. Der Wirkungsgradunterschied bei den Transformatoren ergibt sich durch die anteiligen Verluste, die bei kleinen Leistungen prozentual höher liegen als bei leistungsstarken Transformatoren.

1.6.2 Der Jahreswirkungsgrad

Vor allem bei Leistungstransformatoren besteht ein großes Interesse der Betreiber an einem hohen Wirkungsgrad bzw. Jahreswirkungs-

grads, da Verlustleistungen Kosten verursachen, die den Firmenertrag schmälern.
Der Jahreswirkungsgrad ist zeitbezogen und somit definitionsgemäß der Quotient aus abgegebener und aufgenommener *Arbeit*.

$$\eta = \frac{\int P_2 dt}{\int P_1 dt} = \frac{W_2}{W_1} \qquad 1.33)$$

$$\eta = \frac{Wab}{Wab + P_{VCu} * t_B + P_{Fe} * t_E} \qquad (1.34)$$

t_E (Einschaltzeit) = t_B (Belastungszeit) + t_L (Leerlaufzeit)

Die Einschaltzeit ist die Zeit, die der Transformator an Spannung liegt, egal ob eine Belastung anliegt oder nicht. Diese setzt sich aus der Belastungszeit und der Leerlaufzeit zusammen. Die Leerlaufzeit ist die Zeit ohne Belastung, nur die Verluste des Transformators werden aus dem Netz gedeckt. In der Belastungszeit nimmt der Transformator einen Strom auf, der größer als der Leerlaufstrom ist.

1.7 Sondertransformatoren

1.7.1 Der Spartransformator

Der Name dieses Transformators rührt aus seinem einfachen und damit kostengünstigen Aufbau her. Es wird nur eine Wicklung mit Eisenkern, wie dies das nachfolgende Bild zeigt, benötigt.

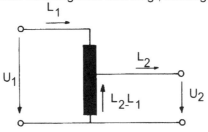

Bild 1.10: Der Spartransformator

Da der Spartransformator nur eine Wicklung benötigt, braucht man gegenüber dem herkömmlichen Transformator weniger Leitungskupfer

und Transformatorenblech, dadurch lassen sich Spartransformatoren bei gleicher Leistung gegenüber herkömmlichen Transformatoren kleiner, leichter und kostengünstiger bauen.
Der größte Nachteil ist der Verlust der galvanischen Trennung und damit der Verlust der Schutzfunktion des Transformators, wie es z.B. bei Schutzkleinspannung ($U_2 <$ 42V) gefordert ist. Eingesetzt werden Spartransformatoren in der Energietechnik zum Ausgleich von Spannungsabfällen in Energieversorgungsnetzten wobei die Primär- und Sekundärspannung in der gleichen Größenordnung liegen sollen. Weiterhin haben Spartransformatoren eine kleine Kurzschlußspannung, dieses bringt im Fehlerfall sehr große Kurzschlußströme mit sich.
Eine andere Besonderheit ist die Angabe von zwei verschiedenen Leistungen die im Spartransformator auftreten. Die Bauleistung ist der magnetisch übertragbare Leistungsanteil der Sekundärleistung.

$$S_B = U_2(I_2 - I_1) \qquad (1.35)$$

Als Durchgangsleistung wird die übertragbare Sekundärleistung bezeichnet.

$$S_D = U_2 {}^*I_2 > S_B \qquad (1.36)$$

Die Berechnungen der Ströme und Spannungen aus dem Übersetzungsverhältnis nach Kapitel 1.3.2 bleiben nach wie vor erhalten.

1.7.2 Der Schweißtransformator

Schweißtransformatoren sind spannungsweiche, kurzschlußfeste Transformatoren mit hoher sekundärer Leerlaufspannung.($U \approx 70V$), die einen einstellbaren und konstanten Sekundärstrom haben sollen. Die hohe Leerlaufspannung ist als Zündspannung erforderlich um einen Lichtboden zu ziehen. Ein konstanter Schweißstrom muß für den gleichbleibenden Materialauftrag beim Schweißvorgang sichergestellt sein, wobei die Möglichkeit zur Schweißstromeinstellung gegeben sein muß, um diese auch der Materialdicke anpassen zu können. Bei kleineren Elektroschweißgeräten liegt der Einstellbereich z.B. bei 40 - 150 A. Zwei Varianten zur Stromeinstellung sind üblich. Die erste Einstellung wird durch einen magnetischen Beipaß realisiert. Ein veränderbarer Luftspalt, als veränderbarer Widerstand, regelt den Ausgangsstrom in der zweiten Variante.

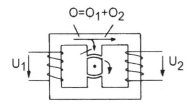

$O=O_1+O_2$

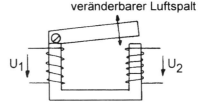

veränderbarer Luftspalt

Bild 1.11:Transformator mit
magnetischem Beipaß

Bild 1.12:Transformator mit
magnetischem Wider-
stand

1.7.3 Der Spannungswandler

Meßwandler haben die Aufgabe den Meßkreis von hohen Spannungen und Strömen abzuschotten. Spannungswandler werden im Hochspannungsbereich ab 1000 V eingesetzt, um lebensgefährliche Spannungen von Schaltpulten und Meßeinrichtungen fernzuhalten, da diese von Personen überwacht bzw. bedient werden. Aus dieser Überlegung ergeben sich einige Anforderungen an einen Spannungswandler.

— Das Meßgerät wird vom Hochspannungsnetz getrennt.
— Der Spannungswandler arbeitet ähnlich einem leerlaufenden Trafo.
— Spannungswandler dürfen *nie kurzgeschlossen* werden.
— Die genormte Sekundärspannung beträgt 100 V.

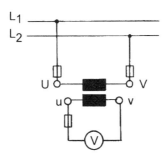

Bild 1.13: Anschlußbild eines Spannungswandlers

15

1.7.4 Der Stromwandler

Das Aufgabenfeld des Stromwandlers ist ähnlich dem des Spannungs-wandlers gelagert.
— Große Stromstärken müssen auf einfach zu messende Werte redu-ziert werden.
— Stromwandler arbeiten ähnlich einem kurzgeschlossenen, sehr spannungsweichen Transformator
— Bei Leerlauf wird der Stromwandler *zerstört*. Der sogenannte Eisen-brand entsteht durch die Wärmeentwicklung der nun plötzlich domi-nierenden Hauptinduktivität.
— Hier gibt es zwei genormte Sekundärströme von 1 A und 5 A.

Eine in der Praxis vielverwendete Form des Stromwandlers ist der Zan-genstromwandler der bis ca. 600 A Primärstrom erhältlich ist.

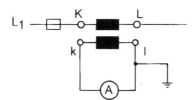

Bild 1.14: Anschlußbild eines Stromwandlers

1.8 Drehstromtransformatoren

Drehstrom oder auch Dreiphasenwechselstrom kann prinzipiell mit drei Einphasentransformatoren übertragen werden. In der Technik werden allerdings spezielle Drehstromtransformatoren eingesetzt, die jeweils über mindestens drei Primär- und Sekundärwicklungen verfügen.
Diese Wicklungen haben alle einen gemeinsamen Eisenkern, wobei die Oberspannungswicklung auf die Unterspannungswicklung aufgebracht wird, um die Isolation der Unterspannungswicklung mitzunützen (Kap. 1.2.2). Der Eisenkern ist dreischenklig für kleinere Leistungen oder fünfschenklig für große Leistungen bis 1000 MVA ausgeführt.
Bei Drehstromtransformatoren werden hauptsächlich drei Schaltungsar-ten praktisch eingesetzt. Die Stern-, Dreieck- und die Zick-Zack-Schal-tung, die nachfolgend beschrieben sind.

dreischenkliger Eisenkern

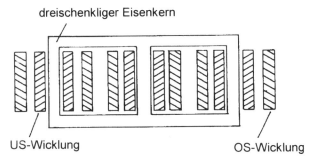

US-Wicklung   OS-Wicklung

Bild 1.15: Schnitt eines Drehstromtransformators

Sternschaltung:
In Hoch- und Höchstspannungsbereich sind die Primärwicklungen in Stern geschalten, um die einzelne Strangwicklung mit weniger Spannung zu beaufschlagen.

L_1 N L_2 L_3

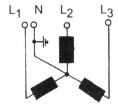

Bild 1.16: Die Sternschaltung

Dreieckschaltung:
Auf der Sekundärseite findet man häufig die Dreieckschaltung, da hier bei niedrigerer Spannung der größere Strom fließt. Durch die Dreieckschaltung wird der Wicklungsstrom in einer Wicklung verringert, so daß dünnere Kupferleitungen verwendet werden können.

L_1 L_2 L_3

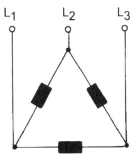

Bild 1.17: Die Dreieckschaltung

Zick-Zack-Schaltung:
Diese Schaltungsart wird häufig bei der Umspannung vom Mittel- (20 kV) auf den Niederspannungsbereich (400 V/ 230 V) eingesetzt, da hier einphasige Belastungen ausgeglichen werden, bzw. nicht auf das Mittelspannungsnetz übertragen werden.

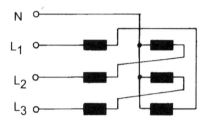

Bild 1.18: Die Zick-Zack-Schaltung

1.9 Die Berechnung eines Kleintransformators

1.9.1 Die Baugröße

Die Baugröße, d.h. die Eisenkerngröße und die Wicklungsdimensionierung, hängt nur von der *abzugebenden Scheinleistung* und der Betriebsfrequenz ab. Alle anderen Transformatorendaten lassen sich mithilfe eines Datenblattes berechnen.

$$S_2 = U_2 * I_2 * \cos\varphi \qquad (1.37)$$

1.9.2 Windungszahl und Spannung

Aus der Transformatorenhauptgleichung (siehe Kap. 1.3.2) läßt sich eine Beziehung von Spannung und Windungszahl in Verbindung mit dem Kernquerschnitt ableiten. Dazu benötigen wir noch zwei Werte aus der Praxis. Die Frequenz wird mit f = 50 Hz festgelgt und die magnetische Flußdichte $\hat{B} = 1.2$ Tesla (alle gewöhnlichen Eisenkerne sind für diesen Maximalwert ausgelegt).

$$U_1 = 4.44 * N_1 * \hat{B} * A * f$$

Für die Windungszahl ergibt sich danach:

$$N_1 = \frac{U_1}{4.44 * \hat{B} * A * f} = \frac{38 * U_1}{A(cm^2)} \qquad (1.38)$$

Somit ergibt sich eine feste Beziehung zwischen Spannung, Kernquerschnitt und Windungszahl. Auf die Sekundärseite übertragen ändert sich lediglich der Zahlenwert von 38 auf 42, da hier die Verluste mit 5 - 15% Zuschlag eingerechnet werden.

$$N_2 = \frac{U_2}{4.44 * \hat{B} * A * f} = \frac{42 * U_2}{A(cm^2)} \qquad (1.39)$$

Bei den genormten Kernen von Kleintransformatoren wird dies weiter auf die Angabe Windungszahl pro Volt (Wdg/V) reduziert, z.B. 4.51 Wdg/V bei einem M85a Kern /2/.

1.9.3 Der Gleichspannungsausgang

Genauso wie der Leistungsfaktor $\cos\varphi$ muß bei Gleichrichterschaltungen der Gleichrichtfaktor k, der Spannungsfaktor m, die Spannungsabfälle über die Dioden U_G und eine Kondensatorenglättung berücksichtigt werden. Je nach Gleichrichtschaltung ergeben sich verschiedene k- und m-Werte.

Gleichrichtfaktoren:
Einweggleichrichtung (M1) :   k = 3.1, m=2.22
Brückengleichrichtung (B2):   k = 1.23, m = 1.11; /2/

Bei Kleingerätenetzteilen sind dies die wichtigsten Faktoren, wobei die Einweggleichrichtung nur noch sehr selten anzutreffen ist. Als praxisorientierter Spannungsabfall für die stromführende Diode wird 1 Volt angesetzt.

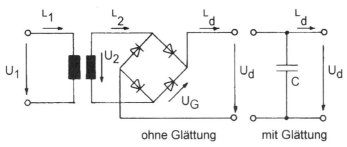

ohne Glättung   mit Glättung

Bild 1.19: Gleichrichterschaltung ohne und mit Glättung

1.9.3.1 Die Gleichrichtung ohne Glättung

Für die sekundäre Gesamtleistung muß die Diodenverlustleistung beim Transformator und die Leistungserhöhung durch die Gleichrichtung berücksichtigt werden.

Für die Sekundärleistung ergibt sich somit:

$$S_2 = k * U_d * I_d + 2 * U_G * I_d \qquad (1.40)$$

Für die sekundäre Ausgangsspannung ergibt sich:

$$U_2 = m * U_d + 2 * U_G \qquad (1.41)$$

Falls weitere Halbleiter im Stromweg liegen, wie z.B. Längstransistoren, müssen deren Spannungsabfälle (z.B. 2 V) und Verlustleistungen bei der Auslegung des Transformators berücksichtigt werden.

1.9.3.2 Der Gleichrichter mit Glättung

In diesem Teil soll nur ein Näherungsverfahren aufgezeigt werden, da eine exakte Berechnung den Rahmen sprengen würde. Für die Praxis liefert dieses Näherungsverfahren hinreichend genaue Ergebnisse.
Aus der technischen Anwendung haben sich für die Kondensatorendimensionierung zwei praktikable Werte ergeben, die auch bei der Berechnung verwendet werden. Für die Einweggleichrichterglättung wird ein Kondensatorwert von 2 µF/mA-Ausgangsstrom für eine ausreichende Glättung benötigt. Bei der Brückenschaltung B2 reicht für die gleiche Glättung ein Kondensatorenwert von 1µF/mA-Ausgangsstrom.
Durch diese Beschaltung ergibt sich zwischen Transformatorenspannung und geglätteter Ausgangsspannung ein Faktor m = 0.9. Das Absinken des Spannungsfaktors von m = 1.11, bzw. m = 2.22 auf m = 0.9 läßt sich durch den Einsatz des Glättungskondensators erklären, da sich dieser auf den Scheitelwert der pulsierenden Gleichspannung auflädt.
Im folgenden beschäftigen wir uns mit der Brückenschaltung mit Glättung, da die Einweggleichrichtung nahezu ausgestorben ist. Für die Sekundärspannung des Transformators ergibt sich nun folgender Zusammenhang:

$$U_2 = 0.9 * U_d + 2 * U_G \qquad (1.42)$$

Als Lösungsansatz für die Leistung wird die Näherung:

$$S_2 = 1.5 * U_d * I_d + 2 * U_G * I_G \qquad (1.43)$$

eingesetzt, wobei $I_G = 1.67 * I_d$ ist. Der Strom über die Dioden ist größer als der Ausgangsgleichstrom, da der Kondensator immer mitgeladen werden muß.
Nachdem die Trafodaten berechnet sind, muß überprüft werden, ob die Wicklungen in den gewählten Eisenkern hineinpassen.

1.9.4 Der Füllfaktor

Der Füllfaktor bezeichnet die Prozentgröße des Wickelraums eines Eisenkerns, der maximal für die Wicklungen zur Verfügung steht. Der Füllfaktor wird mit *50%* angesetzt. 50% Füllfaktor bedeuten, daß lediglich die Hälfte des Wickelraums mit Kupferdraht gefüllt werden kann. Drei Gründe sind hier maßgeblich daran beteiligt.

— Durch die Isolierung wird der Gesamtdurchmesser des Drahtes vergrößert.
— Der Draht wird auf einen Spulenkörper gewickelt, je nach Aufbau können mehrere Spulenkörper verwendet werden.
— Der verwendete Wickeldraht hat eine runde Querschnittsfläche, so daß zwischen den Drähten beim Wickeln ein Hohlraum entsteht.

Die Größe des Wickelraums ist wieder aus einem Tabellenbuch zu entnehmen, z.B. ein Kern M85a hat einen nutzbaren Wickelraum von $9.2mm * 46mm = 423.2mm^2 / 2 /$.

1.10 Ein Berechnungsbeispiel

Ein Netzteil mit Glättung (B2-Schaltung) soll dimensioniert werden. Als Ausgangsgrößen werden 12V Gleichspannung und 1A Gleichstrom benötigt. Die Primärspannung beträgt 220 $V^\approx$.
Berechnen Sie die Transformatordaten, die Kondensatorkapazität und überprüfen Sie Ihre Berechnung auf Realisierbarkeit.

Gegeben: $U_1 = 220V^\approx$ $U_d = 12V$; $I_d = 1A$; Brückengleichrichter

Gesucht: Transformatordaten; Kondensatorkapazität; Realisierbarkeit

Sekundäre Scheinleistung:

$$S_2 = 1.5 * U_d * I_d + 2 * U_G * 1.67 * I_d$$

$$S_2 = 1.5 * 12V * 1A + 2 * 1V * 1.67 * 1A = 21.3VA$$

=> Kerngröße nach einem Tabellbuch /2/: **M65a**

Kondensatorkapazität:

C = C` * I_d = 1 µF/mA * 1000 mA = **1000 µF**

Primäre Scheinleistung und Strom:

$$S_1 = \frac{S_2}{\eta} = \frac{21.3VA}{0.77} = \textbf{27.7 VA}$$

$$I_1 = \frac{S_1}{U_1} = \frac{27.7VA}{220V} = \textbf{0.126 A}$$

Aus dem Tabellenbuch /2/ ist die Stromdichte für die innere und äußere Wicklung ersichtlich. Die Primärwicklung wird üblicherweise für Kleintransformatoren nach innen gelegt, da die Wärmeentwicklung durch den geringeren Stromfluß kleiner ist als in der Sekundärwicklung.

$$J_1 = 3.3A / mm^2 \qquad \text{(innere Stromdichte)}$$

$$J_2 = 3.6A / mm^2 \qquad \text{(äußere Stromdichte)}$$

Drahtquerschnitt und Durchmesser:

$$A_1 = \frac{I_1}{J_1} = \frac{0.126A}{3.3A / mm^2} = 0.038mm^2$$

$$d_1 = \sqrt{\frac{4 * A_1}{\pi}} = 1.128\sqrt{A_1} = 1.128\sqrt{\frac{I_1}{J_1}} = \textbf{0.22 mm}$$

Der berechnete Drahtdurchmesser wird in der Regel nicht verfügbar sein. Die Wicklungsdrähte richten sich nach DIN 46 435 für lackisolierte Runddrähte. Man wählt für den Draht immer den nächstgrößeren Durchmesser aus /2/

=> Auswahl nach DIN 46 435 für den Durchmesser $d_1 = 0.224$ mm
($A_1 = 0.04$ mm²)

Primäre Windungszahl:

$N_1 = N_1` * U_1 = 7.8$ Windungen /Volt * 220 V = **1716 Windungen**

Die Windungszahl wird auf die nächste ganze Zahl aufgerundet.
Sekundäre Größen:

$U_2 = 0.9 * U_d + 2 * U_G = 0.9 * 12V + 2 * 1V = $ **12.8 V**

$N_2 = N_2`*U_2 = 9 * 12.8V = $ **116 Windungen**

$$I_2 = \frac{S_2}{U_2} = \frac{21.3VA}{12.8V} = \textbf{1.66 A}$$

$$d_2 = 1.128\sqrt{\frac{I_2}{J_2}} = 1.128\sqrt{\frac{1.66A}{3.6A/mm^2}} = \textbf{0.77 mm}$$

=> Nach DIN 46435 $d_2 = 0.80$ mm ($A_2 = 0.50$ mm²)

Realisierbarkeitsprüfung:

Nutzbare Wickelraum des Kerns M65 = 9.1 mm * 36 mm = 327.6 mm²
Drahtquerschnitte:

$$A_{1ges} = N_1 * A_1 = 1716 \, Wdgen * 0.04mm^2 = 68.60mm^2$$

$$A_{2ges} = N_2 * A_2 = 116 \, Wdgen * 0.50mm^2 = \underline{58.00mm^2}$$

$$126.60mm^2$$

Nutzbarer Wickelraum * Füllfaktor > Summe der Drahtquerschnitte

$$327.60mm^2 * 0.50 = 163.80mm^2 > 126.60mm^2;$$

Die Bedingung ist erfüllt, d.h. der Transformator kann so gebaut werden.

1.11 Literaturverzeichnis

[1] Fachkenntnis Elektrotechnik Energietechnik, 2. Auflage, Verlag Handwerk und Technik, Hamburg, 1979

[2] Friedrich Tabellenbuch Elektrotechnik, Dümmlers Verlag, Bonn, 1989

[3] Fuest Klaus, Elektrische Maschinen und Antriebe, 2. Auflage, Vieweg Verlag, Braunschweig, 1985

[4] Kurscheidt Peter, Leistungselektronik, 1. Auflage, Verlag Berliner Union, Stuttgart, 1977

[5] Schwickardi Gerhard, Elektro-Energietechnik, Band 2, AT-Verlag, Aargau (Schweiz), 1979

[6] Naturwissenschaft und Technik, Band 1-5, Brockhaus, Mannheim 1989

[7] Seisch Hans Otto, Grundlagen elektrischer Maschinen und Antriebe, 2. Auflage, Teuber Verlag, Stuttgart, 1988

[8] Tabellenbuch Elektrotechnik, 13. Auflage, Europa-Lehrmittelverlag, Wuppertal, 1989

2. Elektromaschinen am Wechselspannungsnetz

Der zweite Teil der elektrischen Maschinen beschäftigt sich mit den umlaufenden elektrischen Maschinen, den Motoren und Generatoren, diese lassen sich wiederum in zwei Bereiche trennen:
— Gleichspannungsmaschinen
— Wechselspannungsmaschinen.

Zuerst wird der mechanischen Aufbau rotierender elektrischer Maschinen behandelt, da bei beiden Arten der Aufbau ähnlich ist.
Aus den mechanischen Angaben über ein Maschine lassen sich Rückschlüsse auf das Betriebsverhalten, Einsatzbereich und Temperaturverhalten dieser Maschine ableiten. Kurzbezeichnungen für diese Angaben findet man auf dem Typenschild.

2.1 Bauformen elektrischer Maschinen nach DIN IEC 34 Teil 7

Die Bauform gibt Auskunft über die Wellenlänge, die Lagerung und die Befestigungsmöglichkeiten einer Elektromaschine.
Die Angabe auf dem Typenschild besteht aus einem Buchstaben und einer oder zwei Ziffern, z.B. B 30. Der Buchstabe B steht für die horizontale Motorwelle und das V steht für eine vertikale Motorwelle.
Beim Einbau eines Elektromotors ist unbedingt auf diese Bezeichnung zu achten, da die *Lagerung* der Maschine auf die Betriebslage abgestimmt ist und bei falschem Einbau sehr schnell Schaden nimmt.
Nachfolgend sind einige Beispiele /2/ aus der DIN IEC 34 Teil 7 (4.83) aufgeführt, diese beinhaltet auch die DIN 42.950.

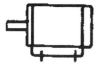

B3: 2 Lagerschilde, mit Füßen
Aufstellung auf Unterbau

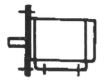

B35: 2 Lagerschilde, mit Füßen
Aufstellung auf Unterbau mit zu
sätzlichem Befestigungsflansch

V 1 : 2 Lagerschilde, ohne Füße
Flanschanbau unter der Antriebsseite

Bild 2.1 - 2.3: Bauformen elektrischer Maschinen

Ein weiteres wichtiges Kriterium für den Einsatz einer elektrischen Maschine ist die Schutzart.

2.2 IP-Schutzarten nach DIN IEC 34 Teil 5

Die Bezeichnung, die auf dem Leistungsschild zu finden ist, besteht aus der Buchstabenkombination IP und zwei nachfolgenden Ziffern z.B. 44, wobei den Ziffern die Bedeutung zufällt:

1. Ziffer: Schutzart gegen *Berühren* und das *Eindringen* von Fremdkörpern (Ziffern 0-6), wobei höhere Ziffern einen größeren Schutz darstellen.
2. Ziffer: Schutzart gegen *Eindringen* von *Wasser* (Ziffern 0-9), wobei höhere Ziffern einen größeren Schutz darstellen.

z.B. IP 44
   └ Schutz gegen Spritzwasser
   └─ Schutz gegen Fremdkörper mit Durchmesser > 1mm

Je "dichter" eine elektrische Maschine ist, desto schwieriger ist die Wärmeabfuhr und somit ist die Notwendigkeit gegeben, die Wicklungen so zu isolieren, daß die Isolierung der Temperaturbeanspruchung auch stand hält.

2.3 Temperaturbeständigkeitsklassen nach VDE 0530 (12.84)

Die Temperaturbeständigkeit der Isolierung reicht von 90°C bis über 180°C hinaus und wird durch einen Buchstaben auf dem Leistungsschild angegeben.

Y =   90°C   F = 155°C
A = 105°C   H = 180°C
E = 120°C   C > 180°C
B = 130°C

26

Die meisten elektrischen Maschinen sind der Isolierklasse B zugeordnet, dies entspricht einer maximalen Isolationstemperatur von 130°C.

2.4 Betriebsarten nach VDE 0530 (12.84)

Zu den ausschlaggebenden Kriterien für die Auswahl eines Elektromotors gehört neben den elektrischen Daten auch die Verwendung des Motors, d.h. in welcher Betriebsart oder in welchem Belastungsbereich der Elektromotor bzw. die elektrische Maschine betrieben wird.

2.4.1 Dauerbetrieb S1

Der Elektromotor darf dauernd mit der Nennlast betrieben werden, ohne daß seine Grenztemperatur (Isolationstemperatur) überschritten wird. Ein typischer Vertreter dieser Art ist der Pumpenmotor.

2.4.2 Kurzzeitbetrieb S2

Der Elektromotor kann nur kurz unter Nennlast betrieben werden im Vergleich zur notwendigen Pause, die zur Abkühlung benötigt wird. Genormte Einschaltzeiten sind 10, 30, 60 und 90 Minuten. Ein Vertreter dieser Art ist der Kühlschrankmotor.

2.4.3 Aussetzbetrieb S3 / S4 / S5

Betriebs- und Pausenzeiten sind kurz. Mit einer genormten Spieldauer von 10 Minuten wird die Einschaltdauer (ED) in Prozent dieser 10 Minuten auf dem Leistungsschild angegeben.

Genormte Einschaltdauer: ED 15% / 25% / 40% / 60%

Je nach Betriebsart ist der Anlauf- und der Bremsstrom zusätzlich an der Erwärmung beteiligt.

S3: Der Anlaufstrom ist für die Erwärmung unerheblich; Hebezeuge
S4: Der Anlaufstrom ist für die Erwärmung erheblich; Schalttischantriebe
S5: Der Bremsstrom erwärmt zusätzlich; Servomotoren für Positionierung

2.4.4 Ununterbrochener Betrieb mit Aussetzbelastung S6

Diese Betriebsart entspricht dem S3-Betrieb, lediglich in den Belastungspausen läuft der Elektromotor im Leerlauf weiter.

2.4.5 Ununterbrochener Betrieb mit elektrischer Bremsung S7

Die Maschine läuft an, wird belastet und dann elektrisch gebremst, um anschließend sofort wieder hochzulaufen. Notwendig ist diese Betriebsart bei Motoren in Fertigungseinrichtungen.

2.4.6 Ununterbrochener Betrieb mit Drehzahländerung S8

Die Maschine läuft dauernd unter wechselnder Last und mit häufig wechselnder Drehzahl, dies ist z.b. bei CNC-Maschinen oder Drehmaschinen notwendig.

2.4.7 Ununterbrochener Betrieb mit Last- und Drehzahländerung S9

Last und Drehzahl ändern sich nicht periodisch, und es treten Lastspitzen auf, die weit über der Nennleistung liegen, so wie dies bei Fahrzeugantriebsmotoren der Fall ist.

2.5 Leistungsschilder elektrischer Maschinen

Die, in den vorangestellten Punkten, behandelten Maschinenangaben werden hier zum besseren Verständnis als Leistungsschilder elektrischer Maschinen nochmals dargestellt, wobei der Transformator mit eingeschlossenen ist /8/.

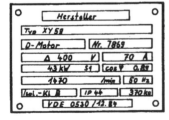

Bild 2.4: Drehstrom- Kurzschlußläufermaschine. Die Zahlenangaben sind Nenngrößen, bei der Nennleistung handelt es sich um die abgegebene Leistung.

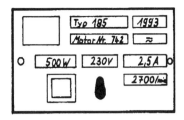

Bild 2.5: Einphasen-Wechselspannungsmaschine. Die angegebene Nennleistung ist die aufgenommene Leistung. Die zwei Quadrate ineinander bedeuten Schutzisolierung und der schwarze Tropfen steht für Tropfwasserschutz.

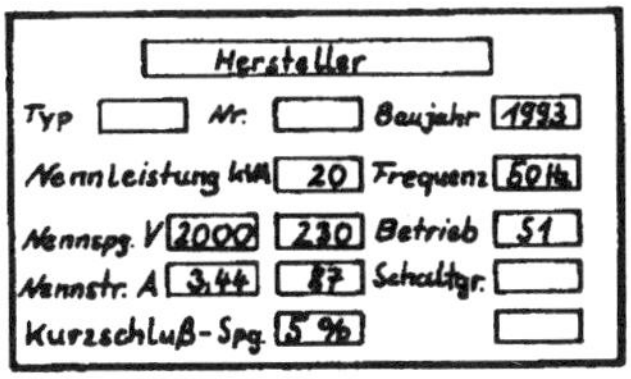

Bild 2.6: Einphasen-Transformator. Das Leistungsschild enthält sowohl primäre als auch sekundäre Nenngrößen wie Spannungen und Ströme.

Bilder 2.4-2.6: Leistungsschilder verschiedener elektrischer Maschinen

2.6 Theoretische Grundlagen elektrischer Maschinen

2.6.1 Das Rotationsprinzip

Aus den Grundlagen der Elektrotechnik über das magnetische Feld ist die Kraftwirkung auf eine Leiterschleife bekannt. Der Betrag der Kraft berechnet sich zu:

$$F = L * B * I * \sin \propto \qquad (2.1)$$

wobei $\propto$ der Winkel zwischen Strom I und magnetischen Fluß B ist. Der Sonderfall, daß Strom I und magnetischer Fluß B senkrecht zueinander verlaufen ($\propto = 90°$) vereinfacht die Gleichung zu:

$$F = L * B * I \qquad (2.2)$$

wobei nun Kraftwirkung, Strom und magnetischer Fluß ein Rechtssystem (rechtwinkliges System) bilden.

29

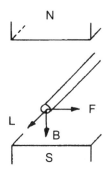 Dreht man den Stromzeiger I auf kürzestem Weg zur Flußrichtung B, so ergibt sich die Kraftrichtung F, die senkrecht auf Strom I und Fluß B steht (Rechtssystem)

Bild 2.7: Strom, Magnetfeld und Kraftwirkung

Erweitern wir nun unser Modell eines Elektromotors auf eine drehbargelagerte Leiterschleife im Magnetfeld, so wird deutlich, wie die Drehbewegung entsteht.

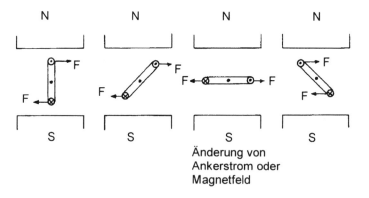

Änderung von
Ankerstrom oder
Magnetfeld

Bild 2.8-2.11: Rotation einer Leiterschleife

Dieses Prinzip ist für *alle rotierenden Elektromotoren* anwendbar. Aus Bild 2.10 wird ersichtlich, daß die Stromrichtung in der Spule oder das äußere Magnetfeld geändert werden muß, um die Drehbewegung fortzuführen. Bei der Darstellung in Bild 2.10 entsteht kein Drehmoment, da die Kräfte gleich groß sind und entgegengesetzt wirken. Die Drehbewegung wird aber aufgrund der Massenträgheit der Spule fortgesetzt.

Mit diesem Grundlagenwissen der Drehbewegung wenden wir uns als erstet den Asynchronmotoren zu, wobei die Entstehung des Wechseldrehfelds nachfolgend behandet wird.

2.6.2 Die Entstehung des Drehfeldes

Nachdem wir nun wissen, daß es zwei Möglichkeiten gibt eine Drehbewegung hervorzurufen, wenden wir uns der zu, die bei Wechselstrommotoren am häufigsten angewandt wird. Bei Wechselstrommotoren ändert sich das äußere Magnetfeld.
Wie dies technisch bewerkstelligt wird zeigt das nachfolgende Bild. Das
Dreiphasennetz mit 380/400 Volt Leiter-Leiter-Spannung das allen
Haushalten zur Verfügung steht, bietet serienmäßig drei Spannungen
die 120 Grad phasenverschoben sind und daraus ergibt sich bei geeig-
neter Schaltung der Spulen ein umlaufendes Magnetfeld.

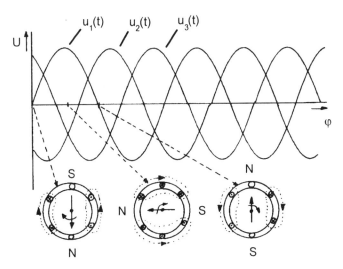

Bild 2.12: Das Drehfeld

Aus dem Bild sind die momentanen Phasen- und Spannungswerte ersichtlich. Formelmäßig stellen sich diese wie folgt dar:

$$u_1(t) = Uo * \sin(\omega t) \qquad (2.3)$$
$$u_2(t) = Uo * \sin(\omega t + 120°) \qquad (2.4)$$
$$u_3(t) = Uo * \sin(\omega t + 240°) \qquad (2.5)$$

Als Zusammenfassung ergibt sich, daß drei Spulen die elektrisch um
120 Grad versetzt sind und vom Drehstrom durchflossen werden ein
Drehfeld mit konstanter Drehzahl erzeugen.

2.6.3 Drehfelddrehzahl - Schlupfdrehzahl

Nachdem festgestellt wurde, wie ein Drehfeld in einem Elektromotor entsteht, stellt sich natürlich die Frage: Welche Drehzahl hat das entstandene Drehfeld? Ein Paramter ist schon aus der Spannungsformel ersichtlich, die Kreisfrequenz $\omega = 2 \times \text{ii} \times f$ und somit auch die Momentanspannung ist von der Netzfrequenz abhängig. Als zweites ist noch die Anzahl der Wicklungsstränge (Polpaarzahl p) in einem Elektromotor ausschlaggebend.

$$n_f = \frac{f * 60}{p}; \quad (n_f) = 1/\text{min} \tag{2.6}$$

Als Beispiel sei hier ein Elektromotor mit drei Wicklungssträngen angegeben. Drei Wicklungsstränge ergeben ein Polpaar. Damit ist die Polpaarzahl 1 (p = 1).

Netzfrequenz   f = 50 Hz

$$n = \frac{50\text{Hz} * 60}{1} = 3000 \text{ Umdrehungen/Minute (1/min)}$$

Bei mehr als drei Wicklungssträngen ergeben sich niedrigere Drehzahlen. 3000 1/min ist die maximal Felddrehzahl, die das Drehfeld einer Drehstrommaschine am 50 Hz-Netz aufweisen kann.

p = 2;   f= 50 Hz   =>   n = 1500 1/min
p = 3;   "   =>   n = 1000 1/min
p = 5;   "   =>   n = 600 1/min usw.

Aus der Tatsache, daß bei den meisten Wechselstrommotoren die Leistung durch Induktion übertragen wird, zeigt sich, daß die Läuferdrehzahl immer kleiner als die Drehfelddrehzahl sein muß, da auch die Verlustleistung der Lager und des Kühlgebläses durch die Induktion gedeckt werden muß. Zudem ist bekannt, daß bei Belastung, d.h. Abgabe von mehr Leistung, die Drehzahl der Welle sinkt und gleichzeitig steigt die induzierte Läuferleistung, da der Frequenzunterschied zwischen Drehfeld und Läufer größer wird.

Dieses Nacheilen des Läufers nennt man *Schlupf* oder *Schlupfdrehzahl* gleichzeitg ist es ein Maß für die Induktion.

Unter Schlupfdrehzahl (n_s) versteht man die Differenz zwischen der Drehfelddrehzahl (n_f) und der tatsächlichen Läuferdrehzahl (n), d.h. der an der Motorwelle meßbaren Drehzahl.

$$n_s = n_f - n \tag{2.7}$$

Der Schlupf (s) ist das Verhältnis der Schlupf- zur Drehfelddrehzahl.

$$s = \frac{n_s}{n_f} = \frac{n_f - n}{n_f} \tag{2.8}$$

Bei Läuferstillstand ergibt sich somit ein Schlupf von s = 1 und bei synchroner Drehzahl sinkt der Schlupfwert auf s = 0 ab.

2.6.4 Die Drehrichtungsumkehr

Nachdem im Kapitel 2.6.2 das Entstehen eines Drehfeldes gezeigt wurde, stellt sich hier die Frage: Ob dieses Drehfeld immer eine fest vorgegebene Drehrichtung hat?
Bei genauer Betrachtung des Bildes und der Formeln unter 2.6.2 stellt man fest, daß sich die Drehrichtung umkehren läßt wenn zwei beliebige Zuleitungen (Phasen) vertauscht werden.
Merke: Drehrichtungsumkehr durch das Vertauschen zweier Phasen

2.7 Asynchrone Kurzschluß- oder Käfigläufermotoren

2.7.1 Der mechanische Aufbau

Bei den meisten Elektromotoren sind Gehäuse und Lagerschilde aus Gußeisen, daraus ergeben sich zwei wesentliche Vorteile gegenüber Gehäusen aus anderen Metallen, z.B. Aluminium. Die Herstellung der Gehäuse durch Gießen ist preiswert und das eingelagerte Grafit dient als Schalldämmung. Seltener findet man Gehäuse die aus Stahlblech bestehen. Das Ständerblechpaket eines Elektromotors besteht aus gestanztem Dynamoblech das einseitig isoliert ist wie bereits vom Aufbau des Transformators her bekannt und dient zur Aufnahme der Wicklungsstänge.
Ähnlich ist der Läufer aufgebaut. Das Blechpaket besteht ebenfalls aus Dynamoblech mit einseitiger Isolierung. Die Läuferwicklung eines Kurzschlußläufermotors unterscheidet sich grundlegend von der Wicklung im herkömmlichen Sinn. Kurzschlußwicklungen bestehen aus dicken Stäben die aus Aluminium, Kupfer oder Messing sind. Beidseitig abgeschlossen werden diese Stäbe durch Kurzschlußringe. So ergibt sich auch die Namensgebung Kurzschluß- oder Käfigläufermotor. Durchgesetzt hat sich als Stabmaterial Aluminium, da es wie Gußeisen gegos-

sen werden kann und damit eine kostengünstige Herstellung und Massenproduktion möglich ist. Durch das Gießverfahren ist es zudem möglich die Lüfterflügel gleich auf die Kurzschlußringe mitzugießen, was die Produktionskosten weiter senkt. Zudem hat Aluminium einen geringen ohmschen Widerstand.

Betrachtet man einen Käfigläufer, so stellt man fest, daß die Läuferstäbe verdreht sind. Durch die Induktion im Kurzschlußläufer entstehen höherfrequente Ströme, d.h. störende Oberwellen, die das Drehmoment des Motors verändern. Abhilfe schafft die Schränkung der Leiterstäbe und die Geräuschentwicklung wird zudem reduziert, da die Drehmomentänderungen der hochfrequenten Ströme reduziert wird.

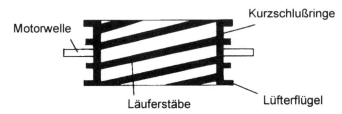

Bild 2.13: Der Käfig- oder Kurzschlußläufer

2.7.2 Das Betriebsverhalten eines Asynchronmotors

Zur Auswahl von Elektromotoren bilden Strom-, Spannungs-, Leistungs- und Drehzahlverlauf wichtige Vergleichskriterien. Die Belastungskennlinie gibt das Betriebsverhalten zwischen Leerlauf und Nennbetrieb eines Elektromotors wieder.

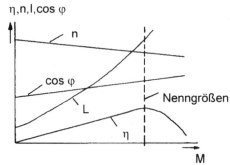

Bild 2.14: Belastungskennlinien eines Asynchronmotors

Die *Betriebsgüte* ist ein wichtiges Maß für die Dimensionierung und wird als Maximalwert von Wirkungsgrad und Leistungsfaktor festgelegt.

Betriebsgüte = Wirkungsgrad * Leistungsfaktor

Somit ist ersichtlich, daß elektrische Antriebe nicht überdimensioniert werden sollten, da erhebliche Mehrkosten entstehen. Die Anschaffung eines leistungsstärkeren Elektromotors ist teurer und die Betriebsparameter liegen ungünstiger, d.h. der Wirkungsgrad und der Wirkleistungsfaktor sind niedriger als bei einem richtig dimensionierten Elektromotor. Bei den Stromversorgungsunternehmen ist es üblich, einem Großabnehmer (Sonderkunden) sowohl die Wirkarbeit als auch die Blindarbeit in Rechnung zu stellen, deshalb muß auch die Blindleistung so niedrig wie möglich gehalten werden. Die meisten Stromversorger schreiben Ihren Sonderkunden einen Wirkleistungsfaktor von etwa 0.9 vor. Wird dieser nicht eingehalten, müssen Aufschläge auf den Strompreis bezahlt werden (siehe auch Kap.5.6).

Die Hochlaufkennlinie ist die Darstellung der Drehzahl über dem Drehmoment. Üblicherweise wird in einer solchen Darstellung noch der Motorstrom aufgetragen.

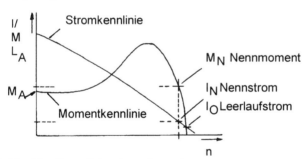

Bild 2.15: Hochlaufkennlinie eines Asynchronmotors

Zusammenfassend ist für einen Kurzschlußläufermotor mit Rundstabläufer folgendes festzustellen:

1. Der Motor besitzt ein geringes Anlaufmoment ($M_A = 0.5...1 * M_N$)
2. Der Motor hat einen sehr großen Anlaufstrom ($I_A = 7....10 * I_N$)
3. Bei zunehmender Belastung sinkt die Drehzahl geradlinig leicht ab (Nebenschlußcharakteristik)

Um den großen Anlaufstrom im Einschaltaugenblick zu minimieren verwendet man bei den Kurzschlußläufermotoren besondere Stabquerschnitte.

2.7.3 Der Käfigläufer mit Stromverdrängung

Voraussetzung für die Steigerung des Anlaufdrehmoments bei gleichzeitiger Abnahme des Anlaufstroms ist ein größerer Läuferwiderstand, Schein- (Z) als auch Wirkwiderstand (R). Bei größerem Scheinwiderstand (Z) wird der Anlaufstrom geringer und durch die Vergrößerung des ohmschen Anteils (R) wird die Phasenverschiebung zwischen Strom und Spannung geringer, d.h. die Wirkleistung erhöht sich und somit das Anzugsdrehmoment.
Im Nennbetrieb soll aber der Läuferwiderstand so klein wie möglich sein um die Verluste gering zu halten. Einen Ausweg hat man hier in Form von Stomverdrängungsläufern gefunden, die je nach Betriebszustand den Läuferwiderstand ändern können

2.7.3.1 Das Prinzip der Stromverdrängung im Anlaufmoment

Alle Formen von Stromverdrängungläufern verwenden längliche Stabformen. Am Beispiel des Hochstabläufers (= Tiefnutläufer) soll das Prinzip der Stromverdrängung deutlich gemacht werden.
Im Anlaufmoment steht der Läufer noch still, obwohl das äußere Ständerfeld bereits eingeschaltet ist. Die Induktionsfrequenz zwischen Ständer und Läufer ist die Netzfrequenz (siehe Kap. 2.6.3) und somit auch die Frequenz, die im Läufer zur Wirkung kommt.

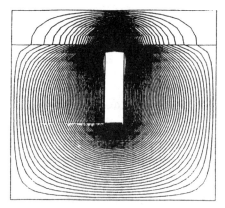

Bild 2.16: Das Magnetfeld eines Hochstababläufers im Einschaltmoment.

Bei der Drehzal Null (n = 0) ist die Läuferfrequenz gleich der Netzfrequenz ($f_L = f_{Netz}$), durch den großen induktiven Läuferwiderstandsanteil ($Z_L = R_L + jX_L; X_L = 2 * \omega * f_L * L_L$)) entsteht ein stark inhomogenes Magnetfeld, so daß der Strom durch den Läuferstab magnetisch zusammengedrängt wird. Ein kleinerer Querschnitt bedeutet aber, daß der ohmsche Widerstand des Läuferstabes steigt (R = L * /A; wobei sich die Fläche A induktionsabhängig ändert) und somit die Phasenverschiebung zwischen Strom und Spannung im Läufer kleiner wird. Als Resultat steigt das Anzugsdrehmoment (M_A) und es sinkt der Anzugsstrom (I_A).

2.7.3.2 Die Stromverdrängung und der Nennbetrieb

Während des Hochlaufvorgangs sinkt die induzierte Frequenz (f_L) im Läufer. Der induktive Blindwiderstand (X_L) wird kleiner, das inhomogene Feld schwächt sich dabei ab, so daß nun im gesamten Stabquerschnitt (A) Strom fließen kann und der ohmsche Widerstandsanteil (R_L) ebenfalls absinkt, um die Verluste im Nennbetrieb niedrig zu halten.

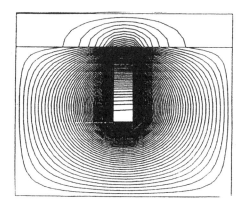

Bild 2.17: Das Magnetfeld eines Hochstabläufers im Nennbetrieb.

Zwei Varianten von Stromverdrängungsläufern haben sich aus einer Vielzahl herausgebildet. Die bereits beschriebenen Hochstabläufer und die Doppelstabläufer, wobei die Hochstabläufer in der Herstellung (Aluminium) preiswerter sind als Doppelstabläufer.

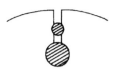

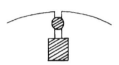

Bilder 2.18-2.19:
Hochstabläufer

Bilder 2.20-2.21:
Doppelstabläufer

2.7.4 Die Hochlaufkennlininen von Stromverdrängungläufermotoren

Aus den nachfolgenden Bildern ist ersichtlich, daß die Stromverdrängungsläufer gegenüber dem Rundstabläufer erhebliche Vorteile aufweisen. Das Anzugsdrehmoment steigt bei gleichzeitigem Absinken des Anzusstroms, wobei der Doppelkäfigläufer die besten Ergebnisse im Bezug auf Drehmoment und Strom erzielt, aber in der Herstellung ist er am teuersten.
Der Doppelstabläufer muß von Hand gefertigt werden, die Leiter sind aus Kupfer oder Messing, die Kurzschlußringe müssen aufgelötet werden. Dieses aufwendige Verfahren wird nur bei Elektromotoren großer Leistung angewandt.

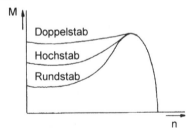

Bild 2.19: Hochlaufkennlinien verschiedener Läufer

38

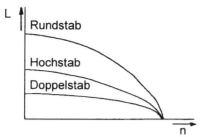

Bild 2.20: Stromkennlinien verschiedener Läufer

Ohne großen Mehraufwand gegenüber dem Rundstabläufer läßt sich der Hochstabläufer herstellen. Die Leiter, die Kurzschlußringe und die Lüfterflügel werden in einem Arbeitsgang aus Aluminium gegossen. So ist diese Art für die Massenproduktion hervoragend geeignet und bringt zusätzlich die Vorteile eines Stromverdrängungsläufers.

Als Konsens ergibt sich, daß Stromverdrängungsläufermotoren einen kleinen Anzugsstrom ($I_A = 3...7 I_N$) und ein großes Anzugsdrehmoment ($M_A = 2...4 M_N$) haben.

2.8 Anlaßverfahren bei Käfigläufermotoren

Elektromotoren kleinerer Leistung ($P_{max} = 5$ kW) dürfen direkt ans Netz geschaltet werden, die Einschaltstromstöße ($I_A \sim 50A$) sind noch nicht so groß, daß Netzspannungseinbrüche auftreten. Bei größeren Leistungen müssen Vorkehrungen getroffen werden, damit diese Einschaltstromstöße nicht Netzspannungseinbrüche zur Folge haben. Besonders rechnergesteuerte Anlagen, Computer und eine Vielzahl von Elektronikschaltungen reagieren sehr sensibel auf Spannungsschwankungen. Alle Anlaßverfahren haben das Ziel, den Einschaltstrom zu vermindern. Da der Strom proportional zur angelegten Spannung ist, kann dieser über eine Spannungsminderung verkleinert werden. Zu beachten ist bei Anlauf unter Last, daß das Drehmoment des Elektromotors zum Quadrat der Spannung proportional ist und somit stärker absinkt als der reduzierende Strom I.

$I \sim U$ und $P \sim U^2/R$
$M. \sim P$ und $M \sim U^2$

2.8.1 Anlaßwiderstände

2.8.1.1 Dreisträngiger Ständeranlasser

Ohmsche Widerstände werden in Reihe zur Drehstomwicklung geschaltet. Die Spannungen an den Wicklungen vermindern sich und der Anlaufstrom wird geringer. Nachteile dieser Schaltungsvariante sind erstens der Energieverlust beim Anlaufen und zweitens das starke Absinken des Drehmoments.
Eine Verbesserung bringt der Einsatz von Drosselspulen anstatt von Wirkungswiderständen. Der Energieverlust wird geringer aber der Wirkleistungsfaktor sinkt ab und Drosselspulen sind sehr viel teurer als ohmsche Widerstände.

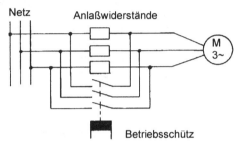

Bild 2.21: Ständeranlasser eines Asynchronmotors

2.8.1.2 Einsträngiger Ständeranlasser

Diese Schaltungsvariante wird als Kurzschlußläufer-Sanftanlaufschaltung (KUSA-Schaltung) bezeichnet. Die KUSA-Schaltung soll weder das Anzugsdrehmoment noch den Anlaufstrom begrenzen, sondern einen ruckfreien sanften Anlauf gewährleisten. Diese Schaltung findet man häufig in der Textilindustrie bei Web- und Spinnmaschinen.

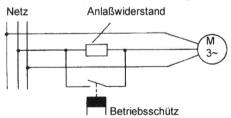

Bild 2.22: Sanftanlauf durch die Kusaschaltung

40

2.8.2 Der Anlaßtransformator

Der Anlaßtransformator ist als regelbarer Drehstromspartransformator ausgeführt. Aufgrund der hohen Investitionskosten wird dieses Verfahren nur bei Hochspannungsmotoren großer Leistung eingesetzt. Nachteil dieser Anlaßschaltung ist die quadratische Minderung des Drehmoments bezogen auf die Spannungsreduktion. Der Vorteil dieses Verfahrens ist der geringe Anlaufverlust und der quadratische Anlaufstromrückgang.

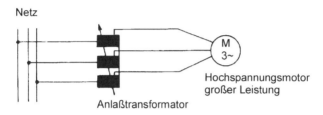

Bild 2.23: Hochspannungsasynchronmotor mit Anlaßtransformator

2.8.3 Das Stern-Dreieck-Anlaßverfahren

Diese Anlaßschaltung ist die am weitesten verbreitete Variante um einen Drehstromkäfigläufermotor größerer Leistung einzuschalten. Für das Hochlaufen werden die Wicklungen in Stern geschaltet; im Nennbetrieb arbeitet der Motor in der Dreieckschaltung.
Durch die Stern-Dreieck-Schaltung reduziert sich der Anlaufstrom auf 1/3 des Dreieckanlaufstroms, aber auch hier gilt, das Anlaufdrehmoment sinkt ebenfalls auf 1/3 ab (vergleiche Kap. 1.8).
Die einfache und kostengünstige Realisierung ist der größte Vorteil dieser Anlaßschaltung gegenüber allen anderen. Es werden nur einfache Schütze und Schalter benötigt und keine Widerstände oder Drosseln!
Auf eines muß an dieser Stelle hingewiesen werden: Der Elektromotor, d.h. ein Strang muß für 380/400 Volt Dreieckbetrieb ausgelegt sein. Die Betriebsspannung und die Schaltungsart kann aus dem Typenschild entnommen werden und muß dergestalt sein:

400V / 700 Volt oder 400 Volt Δ

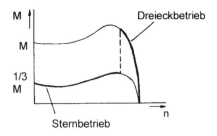

Bild 2.24: Stern-Dreieck-Anlaßkurve

2.8.4 Anlaßschaltung mit Thyristoren

In der Energietechnik gewinnt zunehmend die Leistungselektronik an Gewicht, da diese durch die Massenproduktion immer kostengünstiger und leistungsfähiger wird. Eine Tyristorbrücke eignet sich ebenfalls zur Anlaßstromreduktion, da durch die Steuerung der Stromfluß geregelt werden kann. Der größte Vorteil liegt aber darin, daß preiswerte Kurzschlußläufermotoren plötzlich in der Drehzahl variabel werden (siehe Kap. 2.10.3).

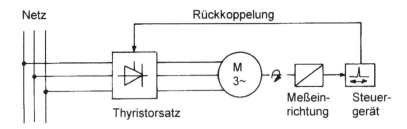

Bild. 2.25: Blockschaltbild einer halbleitergesteuerten Anlaßschaltung

2.9   Der Schleifringläufermotor

Dieser Elektromotor bietet im Gegensatz zum Käfigläufermotor den Zugriff auf den Läufer, so daß das Betriebsverhalten des Schleifringläufermotors verändert werden kann. Der Ständer dieser Maschine unterscheidet sich nicht von dem eines Käfigläufermotors.

Der Läufer besteht ebenfalls aus Dynamoblech, wie der des Kurz-
schlußläufers, aber die eingebrachten Wicklungen sind aus isoliertem
Draht. Die Wicklungsenden sind sternförmig zusammengeschalten und
die Anfänge sind auf Schleifringe herausgeführt. Der Läufer besitzt eine
dreisträngige Wicklung. Bei kurzgeschlossenen Schleifringen ähnelt
das Betriebsverhalten des Schleifringläufermotors dem des Kurzschlußläufermotors. Der Anlaufstrom liegt in der Größenordnung $I_A \sim 6 * I_N$ und
das Anlaufmoment liegt bei $M_A \sim 1.5 * M_N$.
Sinn und Zweck eines Schleifringläufermotors ist der Betrieb mit Anlasser. Veränderbare Widerstände werden in den Läuferkreis geschalten.
Die Drehmoment-Drehzahlkennlinie flacht ab, je größer die Widerstände sind. Das Kippmoment des Schleifringläufermotors wird zu kleineren Drehzahlen hin verschoben. Eine Drehzahlsteuerung ist somit
unter Last möglich, wenn die Widerstände für den Dauerbetrieb ausgelegt sind.

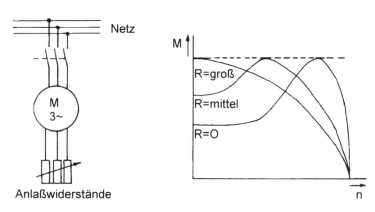

Bild 2.26: Schleifringläufermotor   Bild 2.27: Hochlaufkennlinien

Zusammenfassend haben Schleifringläufermotoren mit Anlasser einen
niedrigen Anlaufstrom und ein großes Anlaufdrehmoment, das in der
Größe des Kippmoments (je nach Widerstand) sein kann. Die Drehzahl
kann über den Anlasser bei Belastung gesteuert werden. Verwendet
werden diese Motoren bei großen Werkzeugmaschinen, Pumpen und
Hebezeugen. Diese Motorenart ist aufgrund des Aufbaus teurer als ein
leistungsgleicher Kurzschlußläufermotor.

2.10 Drehzahländerung bei Asynchronmotoren

2.10.1 Drehzahl - Schlupf - Drehzahländerung

Zwei Varianten der Drehzahlsteuerung haben wir bereits unter 2.9 Schleifringläufermotor und 2.8.4 Anlaßschaltung mit Thyristoren kennengelernt. Aus der Formel für die Drehzahlbestimmung des Läufers lassen sich die Eingriffsmöglichkeiten aufzeigen.

$$n = \frac{f * 60 * (1 - s)}{p} \qquad (2.10)$$

Um die Drehzahl zu ändern muß entweder die Frequenz, der Schlupf oder die Polpaarzahl geändert werden. Beim Schleifringläufermotor wird die Drehzahl über den Schlupf gesteuert. Thyristorsätze steuern die Drehzahl über die Frequenz (Kap. 2.10.3).

2.10.2 Die Polumschaltung

Die Polumschaltung ist eine der ältesten Möglichkeiten, die Drehzahl in bestimmten Grenzen zu ändern. Die Ständerwicklung besteht hier aus sechs Wicklungssträngen, die in Dreieckschaltung ein Polpaar ergeben und in Doppelsternschaltung zwei Polpaare bilden. Die Drehzahl verhält sich nun im Verhältnis 1:2 und wird als *Dahlanderschaltung* bezeichnet. Nachteil gegenüber stufenlos regelbaren Maschinen ist bei dieser Variante, die zur Verfügung stehenden Drehzahlen sind auf zwei bis maximal vier begrenzt. Der Elektromotor ist zudem sehr aufwendig gebaut und teuer.

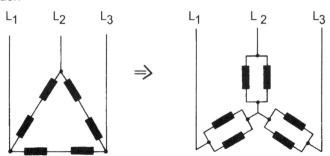

Bild 2.28: Dreieckschaltung   Bild 2.29: Doppelsternschaltung
        Polpaarzahl 1   Polpaarzahl 2

2.10.3 Drehzahlregelung durch Leistungselektronik

Seit die Leistungselektronik günstige und leistungsfähige Halbleiterbauteile, wie Thyristoren, Triacs und andere, anbietet ist es auch möglich Käfigläufermotoren über weite Drehzahlbereiche zu steuern, bzw. zu regeln. In der Praxis werden solche Stellanlagen für Käfigläufermotoren als Wechselstromumrichter (kurz Umrichter) bezeichnet. Aufgabe der Umrichter ist es, einen Wechselstrom gegebener Spannung, Frequenz und Phasenzahl in einen Wechselstrom anderer Spannung, Frequenz und Phasenzahl umzuwandeln.
Es werden hauptsächlich zwei Umrichterarten in der Technik eingesetzt. Der Zwischenkreisumrichter besteht aus einem Gleichrichter und einem Wechselrichter, der neue Wechselstrom wird über den Umweg des Gleichstroms erzeugt. Demgegenüber haben Direktumrichter keinen Zwischenkreis, sie sind direkt mit dem speisenden Netz verbunden. Zusätzlich wird hier der Wechsel- und Drehstromsteller angesprochen. Variabel ist bei dieser Steuerschaltung lediglich die Spannung, aber durch den einfachen Aufbau ist sie weitverbreitet, wie z.B. in Dimmerschaltungen und Drehzahlsteuerungen von Werkzeug- und Haushaltsmaschinen.

2.10.3.1 Direktumrichter

Zwei gesteuerte Gleichrichter in Gegen-Parallelschaltung sind an einem Wechselstromnetz angeschlossen. Durch zeitrichtige Steuerung kann sowohl die Ausgangsspannung als auch die -frequenz geändert werden. Jeder der Thyristorsätze wird für einige Halbschwingungen gezündet, so daß die Ausgangsfrequenz immer kleiner als die Eingangsfrequenz ist. Beim Anschluß an das 50 Hz-Netz beträgt die maximale Ausgangsfrequenz etwa 25 Hz. Direktumrichter werden für langsamlaufende Antriebe wie Zementmühlantriebe eingesetzt. Der Leistungsbereich in dem man Schaltungen dieser Art findet reicht bis in den Megawatt-Bereich.

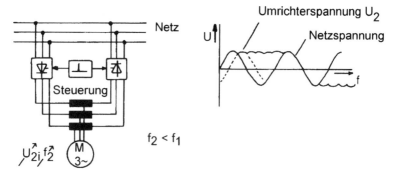

Netz

Umrichterspannung U_2

Netzspannung

Steuerung

$f_2 < f_1$

U_{2i}, f_2

Bild 2.30: Direktumrichter

Bild 2.31: Spannungsverläufe

2.10.3.2 Zwischenkreisumrichter

Durch einen Gleichrichter wird der Eingangswechselstrom zum Gleichstrom, der im Zwischenkreis mit Glättungsdrosseln und Pufferkondensatoren geglättet wird. Der nachfolgende Wechselrichter macht daraus die Ausgangswechselspannung und -frequenz für den Antriebsmotor. Das besondere ist, daß die Ausgangsfrequenz über der Eingangsfrequenz liegen kann. Höhere Drehzahlen als 3000 Umdrehungen pro Minute sind nun möglich. Verwendet werden Zwischenkreisumrichter (oder auch Pulswechselrichter genannt) bei drehzahlvariablen Antrieben, die vom Stillstand aus mit hohem Drehmoment arbeiten müssen, wie dies z.B. in der Kunstfaserherstellung der Fall ist. Der Leistungsbereich beginnt bei ca. 8000 Watt und reicht bis etwa 400 kW für diese Schaltungsvariante.

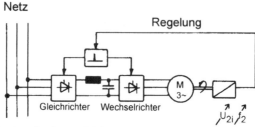

Netz

Regelung

Gleichrichter   Wechselrichter

U_{2i}, f_2

Bild 2.32: Zwischenkreisumrichter

2.10.3.3 Wechsel- und Drehstromsteller

Ähnlich dem Direktumrichter werden Wechselstromsteller direkt aus dem speisenden Netz versorgt. Die Anschnittsteuerung der Wechselstromsteller erlaubt es lediglich die Ausgangsspannung, je nach Phasenanschnitt, zu variieren. Die Frequenz bleibt dabei erhalten. Für Wechselstromsteller kleiner und mittlerer Leistung verwendet man Triacs (Zweiwegthyristoren) bei großen Leistungen werden Thyristoren antiparallel geschaltet. Diese Schaltungsvariante findet man oft in Kreiselpumpen, Lüftern bis zu einem Leistungsbereich von ca. 20 kW. Nicht ausgeklammert darf hier der Bereich Haushaltsgeräte und Werkzeugmaschinen werden. Der Anwendungsbereich reicht hier von der drehzahlsteuerbaren Bohrmaschine bis zur variablen Schnittgeschwindigkeit des Elektromessers.

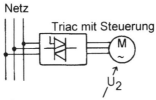

Bild 2.33: Drehstromsteller

2.11 Elektromotoren am Einphasennetz

2.11.1 Drehstrommotoren am Einphasennetz

Jeder Drehstromkurzschlußläufermotor, dessen Ständerwicklung für mindestens 230 Volt ausgelegt ist kann am Einphasennetz betrieben werden. Für den Betrieb benötigt man ein rotierendes Magnetfeld. Dieses wird mithilfe eines Kondensators erzeugt. Da die Wicklungsstränge für 230 Volt ausgelgt sind, kann man diese in Dreieck schalten, anstatt in Stern am 400 Volt Drehstromnetz.
Am Einphasennetz werden die Wicklungsstränge in Dreieck geschaltet. Um in Ständer ein magnetisches Drehfeld zu erzeugen wird zu einer Wicklung ein Betriebskondensator parallel geschaltet. Dadurch entsteht zwischen beiden Wicklungssträngen eine Phasenverschiebung. Diese phasenverschobenen Ströme rufen ein Drehfeld hervor, ähnlich geschieht dies bei Drehstrom. Diese Schaltungsvariante bezeichnet man als *Steinmetzschaltung.*

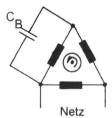
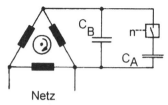

Netz   Netz

Bild 2.34: Linkslaufender Motor Bild 2.35: Rechtslaufender Motor mit
                                 Anlaufkondensator C_A

Die Kondensatorgröße ist nur von Leistung und Einsatz abhängig. Bei Betriebskondensatoren hat sich aus der Praxis ein Wert von **C_B = 70 µF pro kw-Motorenleistung** ergeben.

Gegenüber dem Drehstrombetrieb sinkt das Anlaufdrehmoment auf ca. 30 % ab. Bei Anlauf unter Last wird somit ein zusätzlicher Anlaufkondensator nötig, um genügend Drehmoment und Leistung zu erzielen. Bei Anlaufkondensatoren wählt man die dreifache Kapazität des Betriebskondensators (C_A = 3 * C_B = 210 µF/kW). Nach dem Hochlauf werden diese Anlaufkondensatoren abgeschaltet.

Aber nicht nur das Drehmoment sinkt ab, auch die Einphasenleistung geht auf ca. 80 % der Drehstromleistung zurück. Gegenüber dem Drehstrommotor am Einphasennetz gibt es auch speziell für diesen Einphasenbetrieb ausgelegte elektrische Maschinen.

2.11.2 Der Kondensatormotor

Die Ständerwicklung besteht im Gegensatz zur Drehstromständerwicklung nur aus zwei nicht symmetrischen Wicklungen, der Hauptwicklung, die ca. 66 % der Ständernuten belegt und die Hilfswicklung, die den Rest belegt. Der Läufer ist als Käfigläufer (siehe Kap. 2.7.1) aufgebaut. Da es sich nur um zwei Wicklungen handelt sind diese räumlich um 90° gegeneinander versetzt. (Zur Erinnerung die Drehstromwicklungen sind 120° versetzt.)

Haupt- und Hilfswicklung erzeugen zwei phasenverschobene Wechselfelder, die in ihrer Summe ein magnetisches Drehfeld erzeugen, auch wenn dieses nicht symmetrisch ist. Durch die magnetische Induktion wird der Läufer mit Energie versorgt.

Die größte Phasenverschiebung von annähernd 90° wird zwischen Haupt- und Hilfswicklung durch einen in Reihe geschalteten Kondensator erreicht. Damit die Hilfswicklung nicht zu stark erwärmt wird, schaltet man diese gewöhnlich mithilfe eines Fliehkraftschalters, also nach dem

48

Hochlaufvorgang, ab. Eine Drehrichtungsänderung ist möglich durch das Vertauschen der Hilfswicklungsanschlüsse.
Der Einsatz dieser Maschinengattung erfolgt in vielen Haushaltsgeräten, wie z.B. Waschmaschinen, Geschirrspülern, Trockenautomaten, Schleudern und Kühlschränken etc.. Der mechanische Aufbau ist gegenüber dem herkömmlichen Drehstrommotor mit Graugußgehäuse verändert, bei Einphasenmotoren werden die Lagerschalen meist aus Aluminium gegossen und das Ständerblechpaket als Gehäuseteil und tragendes Element dazwischen verwandt. Die Schalldämmung tritt in diesem Fall hinter der Kostenersparnis und Gewichtsersparnis zurück.

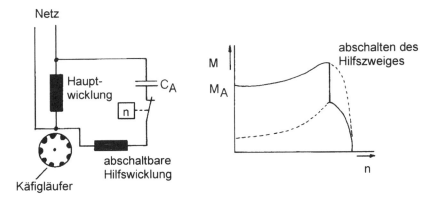

Bild 2.36: Kondensatormotor

Bild 2.37: Hochlaufkennlinien

2.11.3 Der Spaltpolmotor

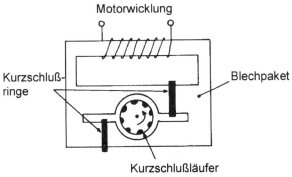

Bild 2.38: Spaltpolmotor

49

Das Ständerblechpaket besitzt ausgeprägte Pole (siehe Bild). Der Spaltpolmotor besitzt nur eine Ständerwicklung, die komplett über den Schenkel des Blechpakets geschoben wird. Der Läufer ist als Käfigläufer ausgebildet. Die Pole des Blechpakets sind gespalten, daher der Name Spaltpolmotor, und ein Polteil ist jeweils mit einem Kupferring umgeben. Dieser Kupferring dient als Kurzschlußring und stellt somit die Hilfswicklung dar.

Wird die Ständerwicklung an einem Einphasennetz betrieben, so entsteht ein magnetisches Wechselfeld im Blechpaket des Ständers.

Die Kurzschlußringe werden durchsetzt und es wird eine Spannung induziert, die wiederum einen Stromfluß hervorruft, dessen Magnetfeld dem Hauptmagnetfeld nacheilt und es an dieser Stelle abschwächt. Die Überlagerung beider Magnetfelder ergibt ein elliptisches Drehfeld, dieses versorgt den Kurzschlußläufer mit der elektrischen Leistung um eine Drehbewegung zu erzeugen. Die Drehrichtung läßt sich bei dieser Motorenart nicht ändern, da sie durch das Drehfeld vorgegeben ist und dieses widerum von der Anordnung der Kurzschlußringe abhängt.

Aufgrund des Aufbaus haben Spaltpolmotoren ein geringes Anzugsdrehmoment von ca. 20 - 30 % des Nenndrehmoments. Der Wirkungsgrad mit ebenfalls 20 - 30 % ist der schlechteste der elektrischen Maschinen, dies bringt einen unschätzbaren Vorteil mit sich, der Spaltpolmotor erleidet keinen thermischen Schaden wenn er festsitzend, festgebremst, auch über mehrere Stunden, betrieben wird.

Hieraus läßt sich ein ideales Anwendungsgebiet ableiten. Der Spaltpolmotor wird hauptsächlich als Pumpenantrieb in Waschmaschinen, Geschirrspülern etc. eingesetzt.

2.11.4 Der Universalmotor

Beim Universalmotor handelt es sich um eine Art Reihenschlußmotor (siehe Kap. 3.3.) der speziell für die Anforderungen im Wechselstromnetz ausgelegt ist. Der Universalmotor kann aber sowohl an Gleich- als auch an Wechselspannung betrieben werden.

Vorteile dieser Motorenart sind das hohe Anzugsdrehmoment, das für Reihenschlußmaschinen typisch ist und die netzfrequenzunabhängige Drehzahl. Die Drehzahl wird durch den Aufbau von Ständer und Läufer bestimmt und reicht bis ca. 15.000 Umdrehungen pro Minute.

Der Ständer besteht aus einem Blechpaket mit zwei ausgeprägten Polen und einer Feldwicklung. Diese Reihenschlußwicklung ist in zwei Hälften aufgeteilt und liegt vor und nach dem Anker, dessen Aufbau dem des Gleichstromankers entspricht. Die Aufteilung der Reihen-

schlußwicklung ist notwendig, um die bei der Kommutierung entstehenden hochfrequenten Oberwellen vom Betriebsnetz fernzuhalten.
Anwendung finden diese Maschinen in Kleingeräten aller Art, von der elektrischen Kaffeemühle über die Bohrmaschine bis zur Handkreissäge oder Staubsauger. Eingesetzt werden diese Motoren bis ca. 2000 Watt. Die Leistungen auf den Typenschildern sind hier die aufgenommenen Leistungen, im Gegensatz zu allen anderen elektrischen Maschinen (siehe Kap. 2.5).

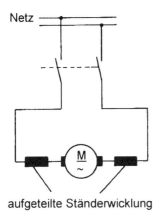

aufgeteilte Ständerwicklung

Bild 2.39: Universalmotor

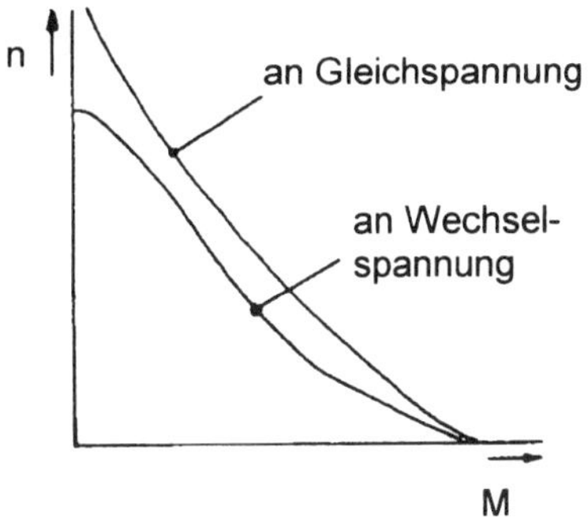

Bild 2.40: Hochlaufkennlinien

2.12 Die Synchronmaschinen

2.12.1 Bauarten von Synchronmaschinen

2.12.1.1 Die Innenpolmaschine

Die erste Bauart der Drehstromsynchronmaschinen ähnelt sehr dem Asynchronmotor. Im Ständer befindet sich eine Drehstromwicklung in den Nuten eines Blechpakets, genauso wie bei der Asynchronmaschine. Die Läufer sind aber unterschiedlich, bei der Asynchronmaschine ein Kurzschluß- oder Schleifringläufer bei der Synchronmaschine ein Magnetläufer, entweder als Dauermagnet oder häufiger ein Elektromagnet.
Diese Bauart bezeichnet man als Innenpolmaschine, diese ist die gebräuchlichste Synchronmaschine. Der Leistungsbereich erstreckt sich

von einigen Milliwatt (mW) als Uhrantrieb bis hin zum Synchrongenerator mit 1500 Mega-Volt-Ampere (MVA) in Kernkraftwerken. Die Zuführung für die Erregerwicklung erfolgt bei Innenpolmaschinen über Schleifringe, die hier auftretenden Leistungen sind nur wenige Prozent der erzeugten Ständerleistung die bequem über feste Leitungen abgenommen werden kann.

Zwei Varianten der Innenpolmaschine sind gebräuchlich; der Vollpolläufer und der Schenkelpolläufer. Der Schenkelpolläufer bietet den Vorteil der Materialersparnis und der Gewichtsreduzierung und der einfacheren Herstellung. Als Nachteil sind hier aber höhere Verluste aufgrund eines größeren Streuflusses anzuführen. Verwendet werden Schenkelpolläufer für langsamlaufende Generatoren wie z.B. im Wasserkraftwerksbereich. Schnelläufer werden als Vollpolläufer ausgeführt und z.B. in Turbogeneratoren von Dampfkraftwerken eingesetzt.

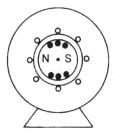

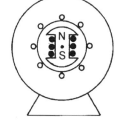

Bild 2.41: Innenpolmaschine mit Vollpolläufer

Bild 2.42: Innenpolmaschine mit Schenkelpolläufer

2.12.1.2 Die Außenpolmaschine

Die Außenpolmaschine ist selten anzutreffen und nur für kleine Leistungen geeignet, da die Drehstromwicklungen über Schleifringe angeschlossen sind

In einem Anwendungsfall bringt dieser Aufbau allerdings Vorteile, bei selbsterregten Generatoren. Die Außenpolmaschine wird als Erregermaschine eingesetzt. Die rotierenden Drehstromwicklungen werden über Brückengleichrichter zusammengeschalten und liefern den Erregerstrom für die Hauptmaschine, die als Innenpolmaschine aufgebaut ist.

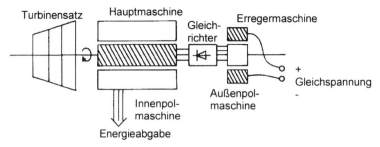

Bild 2.43: Energieerzeugungssatz mit Außenpolmaschine zur Erzeugung der Erregerleistung und Innenpolmaschine als Hauptmaschine

2.12.2 Die Arbeitsweise der Synchronmaschine

Die Synchronmaschine bietet den großen Vorteil, daß für den Betrieb keine Blindleistung aus dem Betriebsnetz notwendig ist. Asynchronmaschinen benötigen die Induktion zwischen Ständer und Läufer, bei der Synchronmaschine wird das notwendige Magnetfeld durch einen Elektromagneten bereitgestellt.

Für den Betrieb eröffnet dies die Möglichkeit, der Synchronmaschine, je nach Erregerstrom, ein induktives bis kapazitives Verhalten zu geben.

Zu geringer Erregerstrom bedeutet, vom speisenden Netz wird noch induktive Leistung gebraucht um den Eigenbedarf zu decken, d.h. die Synchronmaschine hat bei Untererregung induktives Verhalten, ähnlich einer Asynchronmaschine.

Wenn der Erregergleichstrom die induktive Leistung gerade deckt, nimmt die Synchronmaschine nur Wirkleistung aus dem Netz auf. Zu hoher Erregerstrom ergibt zuviel induktive Leistung, diese wird an das Netz abgegeben. Für das Betriebsnetz bedeutet dies, ein kapazitives Verhalten der Synchronmaschine.

Gegenüber der Asynchronmaschine hat die Synchronmaschine den großen Nachteil, sie kann nicht selbstständig hochlaufen. Die notwendige Verkettung von Ständerdrehfeld und Läuferfeld ist in Stillstand und in weiten Bereichen der Drehzahl nicht gegeben. Synchronmotoren verfügen deshalb häufig über Anlaufkäfige im Läufer. Durch die Anlaufkäfige erfolgt ein asynchroner Hochlauf bis nahe an die synchrone Drehzahl, so daß dann die Verkettung zwischen Drehfeld und Gleichfeld zustandekommen kann und der Sychronmotor mit synchroner Drehzahl läuft. Bei großen Synchronmotoren werden auch Anwurfmotoren eingesetzt.

Eine Folge des oben genannten Nachteils stellt sich bei Belastung dar. Wird das Belastungsdrehmoment zu groß gerät die Synchronmaschine außer Tritt und bleibt stehen. Die Verkettung der Magnetfelder ist abgerissen, so daß die Synchronmaschine wieder neu hochgefahren werden muß.

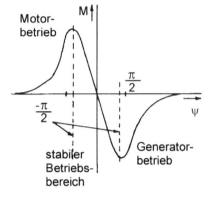

Bild 2.44: Belastungswinkel

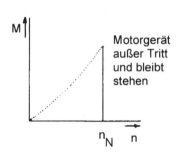

Bild 2.45: Belastungskennlinie

2.12.3 Synchrongeneratoren

Mit Synchrongeneratoren wird nahezu die gesamte elektrische Energie erzeugt. In Mitteleuropa verfügt man über ein 50 Hz Netz, daraus und aus der Anwendung bzw. dem Einsatz ergeben sich die Größe des Synchrongenerators und die Polpaarzahl.

In Dampfkraftwerken werden Synchrongeneratoren mit einem, maximal zwei Polpaaren eingesetzt, da die Energiedichte des Dampfes hoch ist und eine Drehzahl von 1500 bzw. 3000 1/min erreicht werden kann. Bei Wasserkraftwerken trifft man andere Verhältnisse an. Langsam fließendes Wasser, niedrig drehende Turbinen und Generatoren erfordern eine hohe Polpaarzahl um die erforderlichen 50 Hz zu erzeugen.

	Drehzahl (1/min)	Polpaarzahl	Rotordurch-messer(m)
Dampfturbine:	1500-3000	2/1	~1
Langsamläufer bei Wasserkraftwerken:	z.B. 68.2	44	bis 15
Schnelläufer bei Wasserkraftwerken:	z.B. 500	6	3 - 4

Im europäischen Netzverbund arbeiten tausende von Kraftwerken miteinander, alle müssen vier Kriterien erfüllen um keine Fehlanpassung und Kurzschlüsse zu produzieren (siehe Kap. 1.5).

Synchronisationskriterien:
— gleiche Spannung wie das Betriebsnetz,
— gleiche Frequenz,
— gleiche Phasenfolge, sonst tritt ein Kurzschluß auf,
— gleiche Phasenlage, sonst fließen Ausgleichsströme.

2.12.4 Der rotierende Phasenschieber

Lange Zeit waren keine Kondensatoren und Regeleinrichtungen zur Kompensation im Mittelspannungsbereich vorhanden, so behalf man sich mit Synchronmotoren, die als Phasenschieber und Kompensationseinrichtung eingesetzt wurden. Die Regelung erfolgte über die Erregergleichspannung und war einfach zu automatisieren. Eingesetzt wurden und werden Phasenschieber in der Industrie, hier muß auch die Blindleistung bezahlt werden. Der Leistungsfaktor cos φ = 0.90 wird vom Stromversorgungsunternehmen vorgeschrieben (Kap. 5.6). Nicht benötigte Synchrongeneratoren z.B. in Pumpspeicherkraftwerken werden als Phasenschieber genutzt und helfen die Verluste zu reduzieren. Die Verluste sind dem Leitungsstrom ($I = I_W + jI_B$) proportional. Ähnlich Kondensatorbatterien speichern auch rotierende Phasenschieber Energie um Laständerungen abzudämpfen oder kurze Spannungsschwankungen auszugleichen.

2.13 Einige Sondermotoren

2.13.1 Der Schrittmotor

Seit der zunehmenden Digitalisierung finden auch die Schrittmotoren ein weites Verbreitungsfeld. Eingesetzt werden diese vorwiegend als Druckerantriebe, bei Diskettenlaufwerken und in digitalisierten Werkzeugmaschinen.
Somit stellen Schrittmotoren das Bindeglied zwischen Mechanik und Elektronik dar. Aufgrund ihres Aufbaus ist es möglich Druckerköpfe, Leseeinrichtungen oder Werkzeuge genau zu Positionieren. Handelsübliche Schrittmotoren verfügen über 4 bis 500 Schritten pro Umdrehung.

Bei den Schrittmotoren werden grundsätzlich zwei Arten unterschieden, zum einen der Zweistrang- oder Zweiphasenschrittmotor zum anderen der Einstrang- oder Einphasenschrittmotor.

2.13.1.1 Der Zweistrangschrittmotor

Das ist der am meisten verwendete Motor. Der Aufbau mit zwei Ständerspulen bietet den Vorteil gegenüber dem Einstrangschrittmotor, die Schrittweite zu halbieren. Hier spricht man vom sogenannten Halbschrittbetrieb. Beim Vollschrittbetrieb ist dagegen nur eine Ständerspule stromdurchflossen. Die Schrittgröße kann noch weiter unterteilt werden, dafür ist allerdings eine Regelelektronik erforderlich, der sogenannte Mikroschrittbetrieb läßt sich so bewerkstelligen.

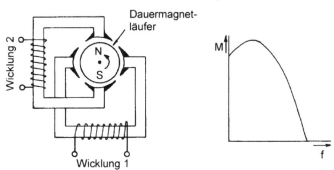

Bild 2.46: Zweistrangschrittmotor   Bild 2.47: Belastungskennlinie

Der Aufbau ähnelt dem eines Synchronmotors, so ist es nicht verwunderlich, daß dieser Elektromotor nicht mit der maximalen Drehfrequenz anlaufen kann. Dabei würde er genauso stehen bleiben wie ein Synchronmotor, der ohne Anlaufhilfe ans Netz geschalten wird. Die größte Drehzahl bzw. Schrittfrequenz mit der ein Schrittmotor anlaufen kann wird als Start-Grenzfrequenz bezeichnet, wobei natürlich das Lastmoment berücksichtigt werden muß.

2.13.1.2 Der Einstrangschrittmotor

Die Funktion ist genauso wie die des Zweistrangschrittmotors, allerdings sind hier nur Vollschritte möglich. Vorteil dieser Anordnung ist die Materialersparnis. Das magnetische Drehfeld wird genauso wie bei einem Spaltpolmotor durch Kurzschlußringe erzeugt.

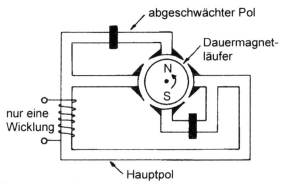

Bild 2.48: Einstrangschrittmotor

2.13.2 Asynchroner Linearmotor

Das Prinzip des asynchronen Linearmotors beruht auf dem des rotierenden Kurzschlußläufermotors (siehe Kap. 2.7). Durch Induktion wird in einem Kurzschlußläufer ein Stromfluß erzeugt, der ein Magnetfeld hervorruft, das umgekehrt zum erzeugenden Magnetfeld polarisiert ist. Linearmotoren kann man sich als "aufgeschnittene Kurzschlußläufermotoren" vorstellen, so wird aus der Rotationsbewegung eine Linearbewegung. Der Ständer mit der Drehstromwicklung wird zum bewegten Teil, der Kurzschlußläufer wird aufgrund des einfachen Aufbaus zum festen Teil bzw. zur Schiene.

Bild 2.49: Die Magnetschwebebahn Transrapid auf der Versuchsstrecke im Emsland.

Eine Anwendung ist hinlänglich bekannt, die Magnetschwebebahn. Die Schiene ist die Sekundärwicklung, d.h. der Kurzschlußkäfig, die Primärdrehstromwicklung befindet sich im Fahrzeugboden. Nachdem die Drehzahlregelung bei Asynchronmotoren nicht ganz einfach ist, gestaltet sich hier die Drehzahlregelung bzw. die Geschwindigkeitregelung ähnlich. Die Drehzahl kann nur über die Polpaarzahl und die Frequenz (siehe Kap. 2.10) variiert werden. Eine Änderung von Polpaarzahl scheidet aus, da die Geschwindigkeit vom Stillstand bis Höchstgeschwindigkeit stufenlos verstellt werden muß. Die Frequenz bleibt somit als Stellgröße für Geschwindigkeitsänderungen. Es gibt einige Versuchsprojekte für Magnetschwebebahnen, der Transrapid ist wohl die bekannteste. Magnetschwebebahnen wie der Transrapid können Geschwindigkeiten bis ca. 400 km/h erreichen und sind damit im mittleren Entfernungsbereich bis 1500 Kilometer direkte Konkurrenten für das Flugzeug. Weiterhin wird dieses Prinzip bei geradlinigen Antrieben wie Schiebetüren und Torantrieben verwendet. Einen anderen Einsatzbereich findet man, wenn man sich die Drehstromwicklung als fest vorstellt, so wird die Sekundärwicklung bewegt, das ist der Einsatz als Linearpumpe.

Die Linearpumpe bietet gegenüber herkömmlichen Pumpen den Vorteil keine bewegten Teile zu besitzen, da das Pumpgut die Sekundärwicklung darstellt. Gleichzeitig ist das auch der Nachteil, es können nur elektrisch leitende Flüssigkeiten gepumpt werden. Verwendung findet diese Linearpumpe z.B. bei der Verarbeitung von Flüssigaluminium. Das flüssige Aluminium wird durch Linearpumpen vom Schmelztrog zur Gießerei gepumpt.

2.14 Auswahlhilfen für Antriebsmotoren

Die nachstehende Tabelle /8/ stellt eine Zusammenfassung dieses Kapitels dar und bildet gleichzeitig Hilfestellung bei der Auswahl bzw. der Dimensionierung von elektrischen Antrieben.

Art: Drehstrom-Kurzschlußläufermaschine
Vorteile: Wartungsarm, robust, preiswert, funkstörungsfrei
Nachteile: Je nach Läuferquerschnitt großer Einschaltstrom, Drehzahlsteuerung nur über Frequenzumrichter oder bei polumschaltbaren Maschinen in 2 bzw. 3 Stufen schaltbar.

Art: Drehtstrom-Schleifringläufermaschine
Vorteile: Großes Anzugsmoment, Drehzahl über Läuferwiderstände steuerbar
Nachteile: Anlasser ist erforderlich, wartungsintensive Kohlebürsten, Funkenbildung, gesteuerte Drehzahl ist lastabhängig

Art: Synchronmaschine
Vorteile: Konstante Drehzahl,
Nachteile: Drehzahl nur über Frequenzumrichter steuerbar, für die Erregung ist meist Gleichstrom notwendig

Art: Neben- oder Doppelschlußmaschine
Vorteile: Gut steuerbare Drehzahl, Nutzbremsung zur Energierückgewinnung ist möglich
Nachteile: Gleichstrom ist nötig, wartungsintensive Kohlebürsten und Kollektor, Anlasser ist notwendig, Funkenbildung, teuer in der Anschaffung

Art: Reihenschlußmaschine
Vorteile: Großes Anzugsmoment, Drehzahl ist vom Aufbau abgängig und kann über den netzbedingten 3000 1/min. liegen.
Nachteile: Motor geht in Leerlauf durch, Gleichstrom ist notwendig, teuer in der Anschaffung

Maschinenart	Schutzart	Betriebsart	Nennleistung (kW)
Aufzüge	IP13,IP23	S2/60 min	0.55...11
Hebezeuge	IP44	S3/60% ED	0.75...15
Betonmaschinen	IP44	S1	3......7.5
Drehmaschinen	IP13,IP23	S1	0.55..7.5
Lochstanzen	IP22,IP23	S1	1.5.....11
Holzkreissägen	IP44	S1	2.5.....15

2.15 Literaturverzeichnis

/1/ Fachkenntnis Elektrotechnik Energietechnik, 2. Auflage, Verlag Handwerk und Technik, Hamburg, 1979

/2/ Friedrich Tabellenbuch Elektrotechnik, Dümmlers Verlag, Bonn 1989

/3/ Fuest Klaus, Elektrische Maschinen und Antriebe, 2. Auflage, Vieweg Verlag, Braunschweig, 19854

/4/ Kurscheidt Peter, Leistungselektronik, 1. Auflage, Verlag Berliner Union, Stuttgart, 1977

/5/ Möltgen Gotfried, Stromrichtertechnik, Siemens AG Abteilung Verlag, München 1983

/6/ Naturwissenschaft und Technik, Band 1-5, Brockhaus, Mannheim, 1989

/7/ Seisch Hans Otto, Grundlagen elektrischer Maschinen und Antriebe, 2. Auflage, Teuber Verlag, Stuttgart 1988

/8/ Tabellenbuch Elektrotechnik, 13. Auflage, Europa-Lehrmittelverlag, Wuppertal, 1989

3. Motoren am Gleichspannungsnetz

3.1 Grundlagen der Gleichstrommaschine

Reine Gleichstrommaschinen werden in der Elektrotechnik, speziell in der Energietechnik immer weiter zurückgedrängt. Hauptgrund ist dafür der zunehmende Einsatz der Leistungselektronik in Kombination mit Kurzschlußläufermotoren. Drehzahl und Drehmomentverläufe lassen sich den Anforderungen anpassen und die Wartungsfreundlichkeit der Kurzschlußläufermaschinen gegenüber den Gleichstrommaschinen braucht nicht extra unterstrichen zu werden.
In einigen Bereichen aber hält sich die Gleichstrommaschine nicht nur hartnäckig sondern baut ihre Position noch aus, dies sind die Bereiche der Elektrofahrzeuge, Robotertechnik und die Kleinstmotoren für die Spielzeugindustrie.
Bevor auf die Funktionsweise der Gleichstrommaschine eingegangen wird, sollen die Unterschiede zwischen Drehstrom- und Gleichstrommaschinen herausgestellt werden.

3.1.1 Aufbau der Gleichstrommaschine

Im Gegensatz zur Kurzschlußläufermaschine, die im Kapitel 2.7 beschrieben ist, besitzt die Gleichstrommaschine neben Stator- oder Feldwicklung, Rotorwicklung und Blechpackete noch einen Kommutator, Kollektor oder auch Stromwender bezeichnet.
Bedingt durch die Gleichstrom-, Gleichspannungsspeisung werden nur gleichförmige Magnetfelder erzeugt. Für die Drehbewegung ist es notwendig, den Strom durch verschiedene Wicklungsstränge des Rotors fließen zu lassen, diese Aufgabe übernimmt nun der Kommutator. Die Funktionsweise eines Gleichstrommotors ergibt sich wieder nach den theoretischen Grundlagen aus Kapitel 2.6.

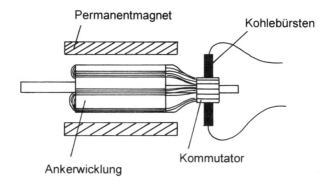

Permanentmagnet   Kohlebürsten

Kommutator

Ankerwicklung

Bild 3.1: Aufbau einer Gleichstrommaschine

3.1.2 Links- und Rechtslauf = Drehrichtungsumkehr

Die Drehrichtung einer Elektromaschine hängt von den Pollagen der Magnetfelder im Rotor und Stator zueinander ab. Bei der Gleichstrommaschine hängt die Drehrichtung von der Stromrichtung im Anker (Rotor) und von der Magnetfeldrichtung der Feldwicklung ab.

Daraus folgt, daß die Gleichstrommaschine zwei Möglichkeiten der Drehrichtungsumkehr bietet. Bei Umpolung des Anker- oder Erregerstroms kehrt sich die Drehrichtung um. Kleinere Gleichstrommaschinen besitzen eine Permanenterregung, so daß eine Drehrichtung nur durch Ankerstromumkehr möglich ist. Bei leistungsstarken Maschinen wird die Drehrichtung durch die Feldstromumkehr bewerkstelligt. Da der Feldstrom nur 5% bis 10% des Ankerstroms beträgt, benötigt man kleinere Schaltelemente zur Drehrichtungsumkehr.

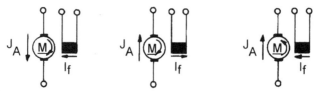

Bilder 3.2-3.4: Drehrichtungsumkehr durch Feldstrom- und Ankerstromumpolung

62

3.1.3 Die Gegenspannung

Durch die Rotation des Ankers wird in der Ankerwicklung selbst eine Spannung induziert, die der angelegten Netzspannung entgegenwirkt, diese Induktionsspannung bezeichnet man als Gegenspannung U_o. Die Gegenspannung U_o läßt sich nach dem Induktionsgesetz bestimmen:

$$U_o = B * L * v * N \qquad\qquad (3.1)$$

B: magnetische Flußdichte
L: Länge der Spule im Erregermagnetfeld
v: radiale Geschwindigkeit $v = r * 2 * \pi * n$
N: Windungszahl

3.1.4 Ersatzschaltbild einer Gleichstrommaschine

Um Drehzahlkurve, Drehmomentverlauf und Strombelastung eines Gleichstrommotors berechnen zu können, geht man in der Technik im allgemeinen auf ein Ersatzschaltbild über, um die Einflüsse einzelner Komponenten wie Verlustwiderstände, Streuinduktivitäten, Induktionsspannungen usw. besser abschätzen zu können. Auch die Gleichstrommaschine kann man durch ein Ersatzschaltbild darstellen.
Das Ersatzschaltbild setzt sich aus drei Komponenten zusammen. Erstens den Verlustwiderstand R der Maschine, der aus den ohmschen Widerständen der Wicklungen und den Übergangswiderständen zwischen Kollektor und Bürsten (Kohle) resultiert. Die Induktivität L, die durch den Wicklungsaufbau des Ankers entsteht und nicht zuletzt die Gegenspannungen U_o, die durch die Gegeninduktion des Erregerfeldes im Anker hervorgerufen wird.

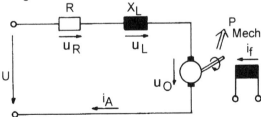

Bild 3.5: Ersatzschaltbild einer Gleichstrommaschine

Die Spannungsgleichung läßt sich nun leicht aufstellen

$$U = U_R + U_L + U_o \tag{3.2}$$

Als dynamische und erweiterte Spannungsgleichung stellt sie sich wie folgt dar:

$$U = R*i + L*\frac{di}{dt} + U_o \tag{3.3}$$

Für die meisten Fälle genügt die Betrachtung des statischen Betriebspunktes der Gleichstrommaschine. Dies bringt die Vereinfachung mit sich, daß der Spannungsabfall über die Induktivität L gegen Null geht ($U_L\to 0$), da sich der Strom durch die Maschine nicht verändert. Die vereinfachte Spannungsgleichung ist unten aufgeführt und wird im Verlauf auch weiterhin verwandt.

$$U = R*I + U_o \tag{3.4}$$

Multipliziert man diese Gleichung mit dem Strom I, erhält man die Leistungsbilanz der Gleichstrommaschine.

$$U*I = R*I^2 + U_o*I \tag{3.5}$$

Der erste Term (U * I) stellt die zugeführte Leistung dar. Die ohmschen Verluste werden durch (R * I^2) repräsentiert. Der letzte Term (U_o * I) gibt die abgegebene Leistung an. Die abgegebene Leistung läßt sich auch durch die mechanischen Größen Drehmoment und Drehzahl bestimmen (P_M = 2 * π * n * M). Setzt man diese nun in die Leistungsbilanz ein, erhält man einen Zusammenhang zwischen elektrischen und mechanischen Größen, woraus sich Drehzahl und Drehmomentkennlinien ableiten lassen.

$$U * I = R * I^2 + 2 * \pi * n * M \tag{3.6}$$

Für die Drehzahl- und die Drehmomentkennlinie ergeben sich quadratische Gleichungen.

$$M = \frac{U*I - R*I^2}{2*\pi*n} \quad (3.7); \qquad n = \frac{U*I - R*I^2}{2*\pi*M} \tag{3.8}$$

Aus der Drehzahlformel lassen sich zwei weitere wichtige Größen, der Ankerstrom und speziell der Einschaltstrom berechnen. Der Ankerstrom läßt sich leicht aus der statischen Gleichung ableiten.

$$I_A = \frac{U - U_o}{R}$$ (3.9)

Der Ankerstrom ist im wesentlichen von drei Größen abhängig, erstens von der Betriebsspannung, zweitens von der induzierten Spannung, d.h. von der Drehzahl und drittens vom ohmschen Verlustwiderstand R der Ankerwicklung.

Als ein Sonderfall gilt für die Drehzahl n = 0. Die induzierte Spannung beträgt 0 Volt und somit ergibt sich für den Einschaltstrom:

$$I_E = \frac{U}{R}$$ (3.10)

Man beachte, der Einschaltstrom wird nur durch den ohmschen Wicklungswiderstand begrenzt. Dieser wird bei allen Maschinen möglichst klein gehalten, damit im Arbeitspunkt wenig Verlustleistung entsteht. Der kleine Wicklungswiderstand hat aber zur Folge, daß der Einschaltstrom sehr große Werte annimmt. Diese müssen bei größeren Gleichstrommaschinen begrenzt werden und erfordern einen Vorwiderstand.

Der zweite Sonderfall ist der Leerlauf, die induzierte Spannung ist annähernd so groß wie die Betriebsspannung, so daß der Ankerstrom gegen Null ($I_A \rightarrow 0$ A) geht.

Die Verbreitung der Gleichstrommaschine war aufgrund der einfachen Drehzahlsteuerung gegeben. Somit stellt sich die Frage: Welche Parameter müssen verändert werden, damit sich die Drehzahl ändert?

3.1.5 Die Drehzahländerung

Ausgehend von den beiden Formeln für die statische Gleichung und die Induktionsspannung stellt man zwei veränderbare Größen fest, die eine Einflußnahme auf die Drehzahl ermöglichen. Wenden wir uns zuerst der Induktionsspannung zu.

$$U_0 = B * L * v * N$$

Die Windungszahl N und die Wicklungslänge L sind feste Maschinendaten, die Tagentialgeschwindigkeit v beinhaltet die Drehzahl, die geändert werden soll, damit bleibt lediglich die Flußdichte B als Variable über. Die Flußdichte B wird duch das Haupt- oder Erregerfeld erzeugt, dieses wiederum wird durch den Erregerstrom I_f gespeist. Die Änderung des Erregerstroms I_f hat zur Folge, daß sich die Drehzahl ändert.

Dies soll an einem Beispiel verdeutlicht werden. Ausgangspunkt ist eine rotierende belastete Gleichstromnebenschlußmaschine mit konstanter Betriebsspannung und Belastung. Der Erregerstrom I_f wird nun z.B. durch einen Vorwiderstand verkleinert –> die Flußdichte B nimmt ab –> die induzierte Spannung U_o vermindert sich –> der Ankerstrom steigt, da die Betriebsspannung U konstant ist –> das Drehmoment M erhöht sich, bei gleichbleibender Belastung –> die Drehzahl n *steigt* –> die induzierte Spannung U_o steigt wieder an –> der Ankerstrom I_A sinkt auf den vorhergehenden Wert ab –> die Drehzahl hat sich bei gleichbleibender Belastung erhöht.

Dies ist eine einfache und elegante Möglichkeit die Drehzahl besonders leistungsstarker Gleichstromnebenschlußmotoren zu verändern, da lediglich der kleine Feldstrom verändert werden muß, dieses läßt sich durch einen Vorwiderstand realisieren, Die Erregerleistung liegt im Prozentbereich der mechanischen Ankerleistung.

Die zweite Variante der Drehzahländerung ergibt sich aus der statischen Gleichung:

$$U = U_o + R * I_A$$

Die induzierte Spannung hängt direkt von der Drehzahl ab, der ohmsche Widerstand R ist fest, der Ankerstrom I_A wird durch die Betriebsspannung bestimmt. Eine Veränderung der Betriebsspannung U führt so ebenfalls zu einer Drehzahländerung.

Das nachfolgende Beispiel geht von den gleichen Voraussetzungen wie im obigen Beispiel für den Erregerstrom aus. Die Betriebsspannung U wird nun vermindert –> der Ankerstrom I_A sinkt –> das Drehmoment M vermindert sich –> die Drehzahl n sinkt ab –> die Induktionsspannung U_o wird kleiner –> der Ankerstrom I_A steigt wieder auf den vorhergehenden Wert.

Diese Variante der Drehzahländerung wird nur bei kleinen Leistungen sinnvoll sein, da gewöhnlich eine konstante Betriebsspannung anliegt, die durch Widerstände verkleinert werden muß und daher Verluste verusacht.

3.1.6 Die Ankerrückwirkung

Unter Ankerrückwirkung versteht man den Einfluß des Ankermagnetfeldes auf das Haupterregerfeld und dessen Verzerrung. Die nachfolgenden Bilder zeigen das Haupterregerfeld, das Ankerfeld und das verzerrte Haupterregerfeld.

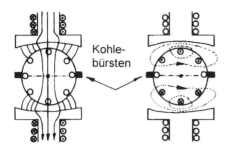
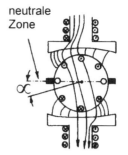

Kohle-
bürsten

neutrale
Zone

∞

Bild 3.6: Hauptfeld   Bild 3.7: Ankerfeld   Bild 3.8: Verschobenes
Hauptfeld

Aus den Zeichnungen ist ersichtlich, daß durch die Überlagerung von
idealem Haupt- und Ankerfeld ein verzerrtes Hauptfeld entsteht. Die
Neutrale Zone wird um den Winkel α aus der idealen waagrechten La-
ge verschoben. In der waagrechten Ankerspule wird dadurch eine
Spannung induziert, die über die Kohlebürsten kurzgeschlossen ist,
dadurch fließt ein Ausgleichstrom. Durch Verschieben der Kohlebürsten
um den Winkel α wird wieder eine stromlose Kommutierung erreicht.
Die Neutrale Zone wird für die Kommutierung (weiterschalten des
Ankerstroms zur nächsten Ankerspule) verwandt, da hier keine
Induktionsspannung auftritt und somit Ausgleichströme entfallen. Die
Auswirkungen der Ankerrückwirkungen sind zum einen verstärktes
Bürstenfeuer, d.h. Kohlbürsten und Kommutator verschleißen schneller.
Die zweite Auswirkung, die Hauptfeldschwächung durch die Verzerrung,
führt zu einer rascheren Abnutzung der Gleichstrommaschine.
Bei kleineren Gleichstrommaschinen schafft man Abhilfe durch das
Verschieben der Kohlebürsten um den Winkel α, um das Bürstenfeuer
zu minimieren. Die wirkungsvollere und bessere Maßnahme wird bei
großen Gleichstrommaschinen verwandt, der Einbau von Wende-
polwicklungen, die das Magentfeld des Ankers aufheben bzw. neu-
tralisieren. Die Wendepole werden vom Ankerstrom durchflossen, so ist
eine genaue Neutralisation gewährleistet. Für die gleichmäßige
Verteilung des Hauptfeldes über die Polschuhe werden bei großen
Gleichstrommaschinen die stoßweise belastet werden noch Kompensationswicklungen eingesetzt.

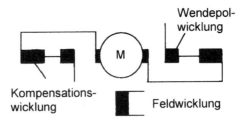

Bild 3.9: Kompensationswicklungen eines Gleichstrommotors

Nachdem die Grundlagen behandelt wurden, werden die einzelnen Gleichstrommaschinentypen und ihre Eigenheiten, Vor- und Nachteile aufgeführt.

3.2 Der Gleichstromnebenschlußmotor

Gleichstromnebenschlußmotoren und fremderregte Gleichstrommotoren haben annähernd dieselben Betriebseigenschaften, deshalb wird auf eine gesonderte Darstellung bei fremderregten Gleichstrommotoren verzichtet.
Die Erregung ist unabhängig vom Ankerkreis, somit ist der magnetische Fluß B etwa konstant. Dies bedeutet, daß die Drehzahl weitgehend lastunabhängig ist. Verwendung findet dieser Gleichstrommotorentyp als Antrieb für Werkzeugmaschinen und Förderanlagen. Der Drehzahlstellbereich reicht von 1:3 bei Feldstellern bis 1:100 bei Verwendung von Drehzahlreglern (z.B. Thyristorsätze). Das Anzugsmoment ist von der Anlaßschaltung abhängig und beträgt bis zum 2.5-fachen des Nennmomentes. Die kurzzeitige Überlastbarkeit ist bis zum 2.2-fachen der Nennleistung möglich.
Die nachfolgenden Bilder zeigen einmal das Schaltbild und die Belastungskennlinie eines Gleichstromnebenschlußmotors.

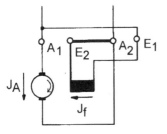

Bild 3.10: GS-Nebenschlußmotor

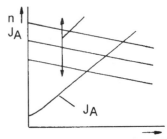

Bild 3.11: Hochlaufkennlinien

3.3 Gleichstromreihenschluß- oder Hauptschlußmotor

Der Name Gleichstromreihenschlußmotor sagt schon aus, daß bei dieser Motorenart alle Wicklungen in Reihe geschaltet sind. Nachfolgend sind Schaltbild und Belastungskennlinien dargestellt.

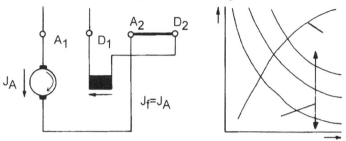

Bild 3.12: GS-Reihenschlußmotor   Bild 3.13: Hochlaufkennlinien

Die Belastungskennlinie zeigt, daß die Drehzahl sehr stark lastabhängig ist. Der prinzipielle Kennlinienverlauf läßt sich leicht erklären. Mit der Belastung steigt der Ankerstrom I_A und damit auch der Erregerstrom I_f, da ja Anker- und Erregerstrom identisch sind. Bei steigendem Erregerstrom nimmt aber die Drehzahl ab (siehe Kap. 3.1.5), da die Gegenspannung erhalten bleibt und die Feldstärke B steigt. Der umgekehrte Fall tritt ein, wenn die Gleichstromreihenschlußmaschine entlastet wird, die Drehzahl steigt stark an.
Der Extremfall ist hier der Leerlauf, **bei völliger Entlastung geht eine Reihenschlußmaschine größerer Leistung durch, d.h. die Drehzahl erhöht sich bis zur Zerstörung der Maschine.**
Der große Vorteil gegenüber dem Nebenschlußmotor liegt bei dieser Maschinenart im sehr hohen Anzugsmoment, das bis zum fünffachen des Nennmoments betragen kann. Daraus lassen sich die Einsatzbereiche schon ableiten, Verwendung finden Reihenschlußmaschinen überall dort, wo hohes Anzugsmoment und hohen Moment bei niedrigen Drehzahlen gewünscht wird. Notwendig ist diese Eigenschaft bei Hebezeugen (Krananlagen), Anlaßmotoren für Kraftfahrzeugen und nicht zu vergessen als Antriebsmotor für Elektrofahrzeuge, die zunehmend auf unseren Straßen zu finden sein werden.
Reihenschlußmotoren werden nicht nur als Gleichstromvariante betrieben, sondern es gibt auch spezielle Wechselstromreihenschlußmaschinen, die in Universalmaschinen (siehe Kap. 2.11.4) oder als Antriebsmotor für Straßenbahn und Eisenbahn eingesetzt werden.

3.4 Die Servomaschine

Aufgrund der Einsatzbereiche finden seit Mitte der 80er Jahre die Servomotoren immer weitere Verbreitung. Verwendet wird dieser fremderregte Gleichstrommotorentyp (siehe Kap. 3.2) von der Schreibstiftpositionierung bei x-y-Schreibern über Nachführsysteme bei Antennenanlagen bis zum Antrieb von Roboterfunktion.

Aus dem speziellen Einsatzbereich ergeben sich auch besondere Anforderungen an den Servomotor. Die Vorgaben für Servomotoren sind: Eine kleine elektrische und mechanische Zeitkonstante um eine möglichst hohe Dynamik (Drehzahländerungsgeschwindigkeit und Links-Rechtslauffähigkeit) zu erreichen.

Die Erregung erfolgt mit Dauermagneten, deshalb gleicht die Motorcharakteristik der eines Nebenschlußmotors.

Diese Vorgaben führen zur charakteristischen Servomaschine, diese ist langgestreckt, ein Attribut der Dynamik. Erhältlich sind Servomaschinen in einem Leistungsbereich von 0.1 bis ca. 4,5 kW und verfügt über eine hohe elektrische und mechanische Überlastbarkeit (I_{max} = 10 I_N). Der Läufer ist ungenutet um die Streuinduktivität möglichst klein zu halten. Die Wicklungen sind aufgeklebt, diese dienen gleichzeitig als Kommutator.

Bild 3.14: Typische Servomaschine in langgestreckter Form

Eine Sonderform der Servomotoren ist der *Torque-Motor* oder *Pancake-Motor.*

Diese Art der Servomotoren ist speziell für sehr hohe Drehmomente und niedrige Drehzahl bei hoher Drehgenauigkeit ausgelegt. Der Drehzahlbereich reicht von 0.0002 1/min bis ca. 25 1/min mit einer Genauigkeit, die kleiner als 0.1 % ist.

Einsatzbereiche dieser Torque-Motoren sind automatische Einstellung von Antennen und optischen Geräten sowie Prüftischen für Kreiselgeräte und Spannungsvorrichtungen für feinste Drähte und Fasern. Durch die Vorgabe, hohes Drehmoment, ist dieser Torque-Motor im Gegensatz zum Servomotor kurz und hat einen großen Läuferdurchmesser. Aus dem Aufbau heraus ist es möglich den Läufer als gedrucket Schaltung, also eisenlos auszuführen. Der Leistungsbereich ist zur Zeit noch bis in den 100 Watt-Bereich begrenzt.

Bild 3.15: Ankerleiterbahnen eines eisenlosen Läufers einer Torque-Maschine

3.5   Literaturverzeichnis

/1/ Fachkenntnis Elektrotechnik Energietechnik, 2. Auflage, Verlag Handwerk und Technik, Hamburg 1979

/2/ Friedrich Tabellenbuch Elektrotechnik, Dümmlers Verlag, Bonn, 1989

/3/ Fuest Klaus, Elektrische Maschinen und Antriebe, 2. Auflage, Vieweg Verlag, Braunschweig, 1985

/4/ Kurscheidt Peter, Leistungselektronik, 1. Auflage, Verlag Berliner Union, Stuttgart, 1977

/5/ Möltgen Gotfried, Stromrichtertechnik, Siemens AG Abteilung Verlag, München, 1983

/6/ Naturwissenschaft und Technik, Band 1-5, Brockhaus, Mannheim, 1989

/7/ Seisch Hans Otto, Grundlagen elektrischer Maschinen und Antriebe, 2.Auflage, Teuber Verlag, Stuttgart, 1988

/8/ Tabellenbuch Elektrotechnik, 13. Auflage, Europa-Lehrmittelverlag, Wuppertal, 1989

4 Erzeugung elektrischer Energie

Wie keine andere Energieart, die sich die Menschheit zunutze machte, bestimmt die *Elektroernergie* heute das Leben der Menschen. Der Werbeslogan der Energiewirtschaft "Im Prinzip geht alles, aber ohne Strom läuft nichts" stellt dies deutlich dar. Ob im Haushalt oder im Beruf überall ist man auf elektrische Energie angewiesen. Bevor aus der Steckdose die elektrische Energie kommt hat diese einige Umwandlungsprozesse hinter sich. Da es sich bei der elektrischen Energie um eine Sekundärenergie, also Zweitenergie, handelt, die aus einer Primärenergie erzeugt werden muß.

4.1 Primärenergien und Ihre Verfügbarkeit

Unter Primärenergien versteht man Energieträger, die durch Abbau, wie die chemische Energie der Kohle, zur Verfügung stehen, die Sonnenstrahlung selbst, die Kernenergie der Atomspaltung und die Wind- und Wasserenergien. Sekundärenergien entstehen durch Umwandlung einer Primärenergie.

Bevor auf die Vielfalt der elektrischen Energieerzeugung eingegangen wird, muß man sich mit den Primärenergieträgern und deren Verfügbarkeit beschäftigen. Maßgebend für die zukünftige Elektroenergieerzeugung wird die Verfügbarkeit und Umweltverträglichkeit der Primärenergieträger sein. Das Bild 4.1 zeigt die Vielfältigkeit der Stromerzeugung auf, wobei sich aber nur einige wenige zur Erzeugung der Elektroenergiemengen eignen, die in den Industrienationen benötigt werden. Jedes Stromerzeugungssystem hat aber seine Daseinsberechtigung und bietet für spezielle Anwendungsbereiche Vorteile gegenüber allen anderen Systemen.

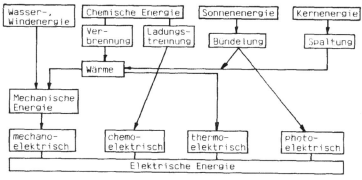

Bild 4.1: Möglichkeiten zur Energiewandlung

4.1.1 Chemische Primärenergien

Der gößte Energieträger unter den nutzbaren Primärenergien stellt die chemische Energie in Form von Erdöl, Erdgas und Kohle dar, diese werden als erstes umrissen.
Erdöl ist der Hauptenergieträger der Weltenergieversorgung und deckt zur Zeit (1991) ca. 40% des Weltenergiebedarfs.Speziell in der Bundesrepuplik Deutschland liegt der Anteil mit 50% am Gesamtenergiebedarf über dem Weltdurchschnitt. Beachtenswert ist, daß die gesicherten Vorkommen etwa 30 Jahre und die wahrscheinlichen Erdölresoursen ca. 80 Jahre ausreichen um den Energiebedarf der Weltbevölkerung zu decken. In der Elektroenergieerzeugung ist das Erdöl aufgrund des zu hohen Preises nahezu verschwunden. Der Kraftwerksbetrieb mit Schweröl ist im Bezug auf die Abgassitation nicht mehr zu rechtfertigen. In Form von Benzin oder Diesel wird es noch geringfügig für Notstromanlagen und neuerdings wieder für Blockheizkraftwerke benötigt.
Erdgas bildet hier eine weit umweltfreundlichere Alternative, es ist die umweltfreundlichste chemische Energie aus der Gruppe der Kohlenwasserstoffe. Die bekannten, erschlossenen Vorkommen reichen ca. 50 Jahre und Schätzungen gehen von einer Verfügbarkeit von ca. 130 Jahre aus.
25% des Weltenergiebedarfs werden durch Stein- oder Braunkohle gedeckt, der dritten großen chemischen Energie. Was für das Erdöl im Hinblick auf den Umweltschutz gilt, gilt im besonderen Maße für die Kohle. Die Abgase enthalten neben Kohlendioxid (CO_2) noch Stickoxide (NO_x), Schwefelverbindungen und Schwermetalle und Spurenelemente, diese tragen alle zum Treibhauseffekt bei. Der Vorteil der Kohle für die Energieversorgung ist die mittelfristige Verfügbarkeit. Bis 2020 werden ca. 37 % der gesicherten und ca. 2,3 % der wahrscheinlichen Kohlevorkommen verbraucht sein. Die Entstehung der chemischen Energien verdanken wir einer Energie, der Sonnenergie, die als zweite Primärenergie betrachtet wird.

4.1.2 Die Sonnenergie

Der Anteil der Sonnenergie an der Stromerzeugung ist noch klein, hat sich aber schon im Energieversorgungsbereich einige Nischen gesichert , in Zukunft darf man von einem ständig steigenden Anteil an der Energieversorgung ausgehen. Nachteil dieser umweltfreundlichen Energie ist in Mitteleuropa die stark schwankende Sonneneinstrahlung, im Hochsommer liegt sie bei ca. 900 W/m^2 und an einem trüben Wintertag erreicht sie gerade 20 W/m^2.

Auch im Hochsommer ist die Energiedichte der Sonnenenergie für die Energieerzeugung recht gering, so daß bei großtechnischem Einsatz große Kollektorflächen nötig sind. Der Vergleich zwischen einem konventionellen Kraftwerk und einer Solaranlage gleicher Leistung soll dies verdeutlichen. Ausgegangen wird von einer Kraftwerksleistung von 1000 MW, dies ist ein Kraftwerkstyp der oberen Mittelklasse. Für die Sonneneinstrahlung wird von 1000 W/m^2 und einem Systemwirkungsgrad von 10% ausgegangen.

$P = 1000\ W/m^2 * 0.1 = 100\ W/m^2$ elektrische Leistung
$A = 1000\ MW / 100\ W/m^2 = 1\ 000\ 000\ 000\ W / 100\ W/m^2 = 10\ 000\ 000\ m^2$

Es wäre eine Solarzellenfläche von 10.000.000 m² oder 10 km² notwendig.

Die maximale elektrische Energie beträgt somit 100 W/m² und für ein Kraftwerk mit **1000 MW** elektrische **Spitzenleistung** wäre eine Solarzellenfläche von 10 km² notwendig, mit der zugehörigen Infrarstruktur ergäbe sich ein Flächenbedarf von ca. 20 km². Die Durchschnittsleistung wäre bei einem Standort in Deutschland ca. 150 MW!! Das konventionelle Kraftwerk benötigt etwa eine Fläche von 0.5 km² bei einer *Dauerleistung von 1000 MW*.

4.1.3 Die Kernenergie

Die umstrittenste Primärenergie ist die Kernernergie aufgrund der ungelösten Endlagerung der abgebrannten Brennstäbe und der anderen radioaktiven Abfälle. Die Elektroenergieerzeugung selbst ist aber ohne große Schwierigkeiten möglich, wobei natürlich ein hoher Sicherheitsstandart der Kernkraftwerksanlage gewährleistet sein muß.
Der größte Vorteil dieser Energiequelle ist die abgasfreie Energieerzeugung, es wird weder Kohlendioxid noch Stickoxid etc. wie bei allen fossilen Energiequellen erzeugt, die für den Treibhauseffekt verantwortlich sind. Deutlich wird dies bei einem Vergleich des Primärenergiebedarfs verschiedener Kraftwerkstypen gleicher Leistung, zugrunde gelegt wird wieder ein 1000 MW Kraftwerk.

Primärenergieverbrauch pro Tag	6000	Tonnen Schweröl
	8000	Tonnen Steinkohle
	30000	Tonnen Braunkohle
	0,1	Tonne Uran

Technisch ausgereift und mit hoher Betriebssicherhiet lassen sich die westdeutschen Siede- und Druckwasserreaktoren sicher betreiben. Probleme technischer Art bereitet dagegen der Schnelle Brüter im Zusammenhang mit der Wiederaufarbeitung, von dieser Art Energiewirtschaft ist man aber mittlerweile abgerückt.

Der zweite Teil der Kernenergie ist die Kernfusion, die Verschmelzung von Atomkernen. Die Kernfusion ist aber noch auf dem Stand der Grundlagenforschung und Laborversuchen, so daß in den nächsten Jahrzehnten nicht mit einem technischen Einsatz zu rechnen ist.

4.1.4 Wasser- und Windenergie

Zum Abschluß der Primärenergie soll noch die Wasser- und Windenergie angeführt werden. Es handelt sich um umweltfreundliche Energiequellen, aber dennoch bringen diese Energiearten Eingriffe in die Umwelt mit sich.

Die Windenergieanlagen beeinträchtigen das Landschaftsbild ähnlich den Hochspannungsleitungen ganz erheblich, so stoßen diese Anlagen besonders in fremdenverkehrsorientieren Gegenden auf Ablehnung. Großanlagen wie die GROWIAN-Anlage mit 3 MW elektrischer Leistung haben sich aufgrund technischer Probleme nicht bewährt. Im Gegensatz dazu sind Kleinanlagen bis in den 250 kW-Bereich ausgereift und seit einigen Jahren in Betrieb.

Weit schwerwiegender sind die Eingriffe in die Natur durch Wasserkraftwerke. Der Lebensraum Flußlandschaft wird durch ein Wasserkraftwerk stark beeinträchtigt. Stärker noch als Laufwasserkraftwerke zeichnen eine Landschaft Speicherkraftwerke mit den dazugehörigen Stauseen. Das größte Speicherkraftwerk der Welt ist in Brasilien entstanden. Das Kraftwerk Itaipu besitzt 18 Turbinen mit je 700 MW elektrischer Leistung, die Staumauer ist 7 km lang und 190 m hoch. Der Stausee bedeckt eine Fläche von 1000 km², zum Vergleich der Bodensee hat eine Wasserfläche von 540 km². Diese ist ein Beispiel der Superlative aber auch kleine Wasserkraftwerke greifen durch die Wasserführung und -regulierung in die Umwelt ein.

4.2   Wasserkraftwerke

Wasserkraftwerke zählten neben den dampfbetriebenen Kraftwerken zu den ersten größeren Elektrizitätslieferanten. Die erste öffentliche bayerische Stromversorgung wurde 1886 mit einem Wasserkraftwerk bei Berchtesgaden mit ca. 40 kW elektrischer Leistung betrieben. Vorteilhaft für die Verbreitung von Wasserkraftwerken war die jahrhunderte lange Erfahrung mit dieser Kraftquelle, die als Antrieb für Mühlen, Hammerwerken und Sägewerken diente und zudem war Wasserkraft

Ende des neunzehnten Jahrhunderts die preiswerteste Antriebsquelle für die Stromerzeugung.

4.2.1 Leistungsbestimmung eines Wasserkraftwerkes

Die nachfolgende Leistungsberechnung trifft auf alle Arten von Wasserkraftanlagen zu und soll zur Abschätzung des Leistungspotentials einer Wasserkraftanlage dienen. Genaue Berechnungen zur Dimensionierung und Planung enthalten noch weitere Parameter wie Wasserstandsschwankungen, Eigenverbrauch etc. und würden hier weit über das Ziel hinausgehen.
Ausgehend von der potentiellen Energie des Wassers, die genützt werden soll und der Einbeziehung der verschiedensten Wirkungsgrade ergeben sich Formeln für die elektrische Arbeit und die Leistung, die an den Generatorklemmen abgenommen werden können.

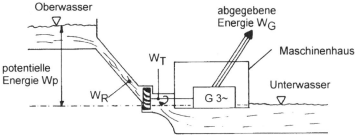

Bild 4.2: Schema eines Wasserkraftwerks

$W_P = m * g * h$ = potentielle Energie des Wassers   (3.1)
W_R = kinetische Energie nach der Rohrleitung
W_T = die Energie, die an der Turbinenwelle abgenommen werden kann
W_G = die Energie, die der Generator abgibt.

$W_P = m * g * h$ oder mit $m = Q * t$ (3.2)
$W_R = \eta_R * W_P = \eta_R * m * g * h$
$W_T = \eta_T * W_R = \eta_T * \eta_R * m * g * h$
$W_G = \eta_G * W_T = \eta_G * \eta_T * \eta_R * m * g * h$ (3.3)

Die Leistung berechnet sich allgemein zu : $P = W / t$. Für die Leistungsberechnung ergibt sich somit mit dem Ersatz der Masse nach obiger Gleichung:

$$P_{el} = \frac{W}{t} = \eta_G * \eta_T * \eta_R * m * g * h \qquad (3.4)$$

$$P_{el} = \eta_G * \eta_T * \eta_R * Q * g * h$$

77

Im Kraftwerksbetrieb ist unter dem Formelbuchstaben Q nichts anderes als das Wasservolumen pro Sekunde zu verstehen, das durch eine Turbine läuft. Die Einheit ist m³/s.
Für die Überschlagsberechnung ist in der Energietechnik die Zahlenformel:

$$P_{el} = 8 * Q * h; \qquad (kW) \qquad\qquad (3.5)$$

gebräuchlich; die Leistung ergibt sich in kW wenn der Durchfluß in m³/s und die Nutzhöhe h in Metern eingesetzt werden.
Das Lechkraftwerk in Gersthofen bei Augsburg soll hier als Beispiel dienen. Dieses Wasserkraftwerk liefert seit 1901 elektrischen Strom und ist damit eines der ältesten in Bayern. Die nutzbare Fallhöhe beträgt im Mittel 9.3 m und die maximal verwertbare Wassermenge 125 m³/s, diese wird auf fünf Kaplanturbinen mit Drehstromsynchrongeneratoren aufgeteilt wobei je Maschinensatz eine Leistung von 1740 kW zur Verfügung steht. Der Gesamtwirkungsgrad beläuft sich auf 0.76.
Mit den eben hergeleiteten Formeln ist es einfach die Leistung des Wasserkraftwerks Gersthofen einmal nachzurechnen.
Berechnung der elektrischen Leistung eines Turbinensatzes:

$$Q = \frac{125 m^3 / s}{5 \, \text{Turbinen}} = 25 m^3 / s \qquad \text{(Wasserdurchfluß einer Turbine)}$$

$$P = Q * g * h * \eta = 25 \text{ m}^3/\text{s} * 9.81 \text{ m/s}^2 * 9.3 \text{ m} * 0.76 =$$

P = 1733 kW pro Maschinensatz (Turbine und Generator)

Abschätzung:
P = 8 * Q * h = 8 * 25 m³/s * 9.3 m = **1860 kW**

Der Toleranzbereich der Abschätzung liegt immer im Bereich von ca. +/- 10 %, dies ist für eine Überschlagsberechnung hinreichend genau.
Wie bereits erwähnt gilt diese Berechnung generell für alle Wasserkraftwerke. Im Folgenden wird auf die zwei verschiedenen Arten der Wasserkraftwerke kurz eingegangen.

4.2.2 Laufwasserkraftwerke

Laufwasserkraftwerke bezeichnet man auch als Fluß- oder Kanalkraftwerke. Aus dem Standort, an einem Fluß oder Kanal, ergibt sich auch der typische Betrieb. Das Wasser steht ständig zur Verfügung und so wird immer elektrische Energie nach Maßgabe der Wassermenge erzeugt.

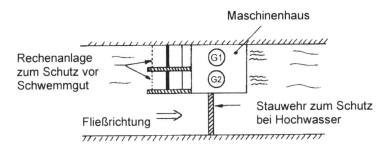

Bild 4.3: Laufwasserkraftwerk

Das Bild 4.3 zeigt ein typisches Flußkraftwerk. Das Maschinenhaus beherbergt die Turbinen, die Generatoren und Steuereinrichtungen. Die vorgelagerte Rechenanlage dient zum Schutz der Turbinenschaufeln vor im Wasser treibenden Gegenständen, wie Bäume, Äste und Unrat. Das Stauwehr dient zum Schutz bei Hochwasser (siehe auch nächster Abschnitt).

Da ein Fluß im Jahresrhytmus nicht immer die gleiche Wassermenge führt, muß sich ein Kraftwerksbauer über die sinnvoll und wirtschaftlich vertretbare nutzbare Wassermenge des Flußkraftwerkes Gedanken machen. Die Nutzwassermenge bestimmt die Größe und somit die Bau- und Betriebskosten des Kraftwerks. Besonders im Voralpenland treten starke Schwankungen in der Wasserführung auf. Am Beispiel der Isar wird dies besonders deutlich, die Hochwassermenge nach der Schneeschmelze beträgt bis zu 1400 m^3/s und im Hochsommer bei Niedrigwasser führt die Isar gerade noch 23 m^3/s. Der Jahresdurchschnitt liegt bei ca. 90 m^3/s. Welche Maßgaben lassen sich hier für den Kraftwerksbauer ableiten.

Der wirtschaftliche Ausbau erfolgt so, daß mindestens an 100 Tagen pro Jahr die Wassermenge zur Verfügung steht, die für die Nennleistungsabgabe des gesamten Wasserkraftwerks erforderlich ist.

Ein Laufwasserkraftwerk wird mit mehreren Maschinensätzen bestückt um auch bei Niedrigwasser zumindest einen Maschinensatz des Wasserkraftwerks zur Energieerzeugung nutzen zu können.

Die Ausnutzung der Wasserkraft kann immer dann erfolgen, wenn genügend Wasser und Höhenunterschied vorhanden ist. Von der Quelle bis zur Mündung ist dies bei größeren Flüssen öfter gegeben, so daß im Verlauf des Flusses mehrere Kraftwerke gebaut werden können. Den Extremfall stellt der Schwellbetrieb dar., d.h. der Fluß verfügt über keine freie Fließstrecke mehr. Das Unterwasser des vorhergehenden Kraftwerkes ist das Oberwasser der nächsten Kraftwerke. Bild 4.4 verdeutlicht dies nochmals.

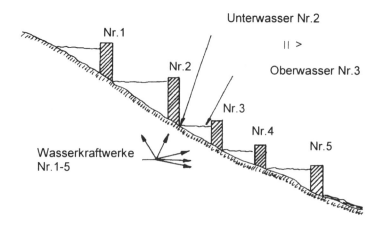

Bild 4.4: Höhenschnitt einer Kraftwerkskette im Schwellbetrieb

4.2.3 Speicherkraftwerke

Ein Speicherkraftwerk liegt ebenfalls im Flußverlauf, das Besondere ist aber, daß als Oberwasser ein natürlicher oder künstlicher See als Wasserspeicher verwendet werden kann. Gegenüber dem einfachen Flußkraftwerk bietet sich hier die Möglichkeit, die Wasserkraft zu speichern und nach Bedarf in Hochlastzeiten, wenn viel elektrische Energie gebraucht wird, abzuarbeiten. Durch den Kurzzeitbetrieb ist es möglich, Speicherkraftwerke von der elektrischen Leistung her größer als Flußkraftwerke mit gleichem Zufluß auszulegen. Die Lechstaustufen sind ein Paradebeispiel für den Speicherkraftwerksbau. Das wohl bekannteste Speicherkraftwerk in Bayern ist das Walchenseekraftwerk, die Speisung des Walchensees erfolgt künstlich über Kanäle und Stollen von der Isar und vom Rißbach. Der Sonderfall eines Speicherkraftwerks ist das Pumpspeicherkraftwerk das nachstehend erläutert wird.

4.2.4 Pumpspeicherkraftwerke

Da elektrische Energie in großen Mengen nicht speicherbar ist, wird überschüssige Energie in Form von potentieller Energie des Wassers gespeichert. In Schwachlastzeiten, wie den Nachtstunden, steht billige Energie aus immer in Betrieb befindlichen Kraftwerken wie Laufwasser- und Atomkraftwerken zur Verfügung, so wird aus dem Kraftwerk ein Pumpwerk, das Wasser wird vom Unterbecken ins Oberbecken gepumpt. Dieses Wasser kann am folgenden Tag zur Deckung der Spitzenlast abgearbeitet werden. Der Gesamtwirkungsgrad solcher Pumpspeicherkraftwerke liegt bei etwa 50 %. Er ist niedriger als im Laufwasserkraftwerk, da das Wasser größtenteils vor der Nutzung hochgepumpt werden muß, der natürliche Zufluß deckt bei Pumpspeicherkraftwerken nicht den Energiebedarf.

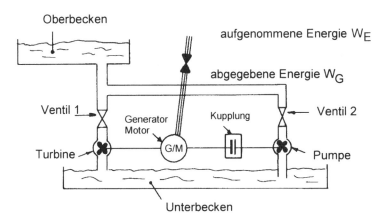

Bild 4.5: Schema eines Pumpspeicherkraftwerks

Ein typischer Vertreter der Pumpspeicherkraftwerke ist das in Sellrain-Silz. Die Kraftwerksgruppe besteht aus zwei Pumpspeicherkraftwerken und zwei Stauseen. Der Finstertalspeicher mit einem Fassungsvermögen von ca. 60 Mio. Kubikmeter liegt 2300 Meter über Meereshöhe. Der kleinere Längentalspeicher mit ca. 3 Mio. Kubikmetern Fassungsvermögen dient als Tagesspeicher und Sammelbecken der Zuflüsse. Das Wassereinzugsgebiet beträgt 140 Quadratkilometer und umfaßt Teile des Ötztals, Sellrain und Stubai. Das obere Kraftwerk in Kühtai hat eine elektrische Leistung von 286 MW und die Anlage in Silz verfügt über 488 MW elektrische Leistung bei einer Fallhöhe von ca. 1300 Meter.
Die Turbine ist fest mit der Generatorwelle verbunden, wird aber im Pumpbetrieb mit Pressluft leergeblasen um Verluste zu vermeiden. Die starre Verbindung Generator-Turbine rührt aus dem Einsatz der Pumpspeicherkraftwerke als Spitzenlast- oder Reservekraftwerke her. Diese Kraftwerksspezie muß innerhalb kurzer Zeit verfügbar sein. Vom Stillstand bis zur Abgabe der Vollastleistung werden nur wenige Minuten benötigt.
Für die Berechnung der abgegebenen Arbeit bzw. der Kraftwerksleistung können die Formeln nach Kap. 4.2.1 verwendet werden.

Turbinenbetrieb: $W_G = \eta_{ges} * m * g * h$

$P_G = \eta_{ges} * Q * g * h$

Für die Berechnung des Pumpbetriebs wird in gleicher Weise vorgegangen wie bei der Berechnung des Turbinenbetriebs bei Kap. 4.2.1, ausgehend von der zugeführten elektrischen Arbeit W_E. Die elektrische Arbeit wird durch den Wirkungsgrad des Generators/Motors verkleinert, die so entstandene mechansiche Arbeit wird durch den Pumpenwirkungsgrad und durch den Rohrleitungswirkungsgrad nochmals reduziert, so daß jetzt die potentielle Energie des Wassers im Oberbecken übrigbleibt.

W_E = aufgenommene elektrische Arbeit aus dem Versorgungsnetz
W_P = potentielle Energie des Wassers im Oberbecken
$W_P = \eta_{G/M} * \eta_M * \eta_R * W_E$ (siehe auch Bild 4.5)   (3.6)

Anhand des nachfolgenden Beispiels wird die vielfältige Verwendung dieser Formel gezeigt. Die elektrische Leistung eines Pumpspeicherkraftwerks beträgt 124 MW, bei einer Fallhöhe, die berechnet werden soll. Bei Vollast benötigen die Turbinen 84 m³/s Wasser.

Druckrohrleitungswirkungsgrad $\eta_R = 0.95$
Turbinenwirkungsgrad $\eta_T = 0.86$
Generatorenwirkungsgrad $\eta_G = 0.92$
Motorischer Wirkungsgrad $\eta_M = 0.89$
Pumpenwirkungsgrad $\eta_P = 0.79$

Pumpspeicherkraftwerke sind nicht für den Dauerbetrieb ausgelegt, sie sind meist nur wenige Stunden pro Tag in Betrieb. Wie viele Kilowattstunden (kWh) werden bei einem dreistündigen Einsatz erzeugt und welches Wasservolumen ist dafür erforderlich?
In Schwachlastzeiten wird das Wasser wieder in die oberen Staubehälter gepumpt. Wie lange dauert es bis das Wasser für den dreistündigen Generatorbetrieb wieder in das Oberwasser gepumpt ist, wobei von gleicher Generator- und Motorleistung ausgegangen wird.

Geg.: P   = 124 MW; Q = 84 m3/s; $\eta_R = 0.95$; $\eta_T = 0.86$;
$\eta_G = 0.92$; $\eta_M = 0.89$; $\eta_P. =. 0.79$; t = 3h;
Ges.: Fallhöhe h; Arbeit W und Wasservolumen V; Pumpzeit t_{Pump}

a) Berechnung der Fallhöhe:

$P = g * h * \eta_{ges} * Q \Rightarrow \qquad h = \dfrac{P}{g * \eta_{ges} * Q};$

$h = \dfrac{124 * 10^6\,W}{9.81 m/s^2 * 0.95 * 0.86 * 0.92 * 84000\,1/s} = \textbf{200.2 Meter}$

b) Berechnung der Arbeit und der Wassermenge

$W = P * t_{ab} = 124000 \text{ kW} * 3 \text{ h} = \mathbf{372000 \text{ kWh}}$

$V = Q * t_{ab} = 84 \text{ m}^3/\text{s} * 3600 * 3 \text{ h} = \mathbf{907200 \text{ m}^3}$

c) Berechnung der Pumpzeit

(1) $W_P = P_{Eauf} * t_{Pump} * \eta_M * \eta_P * \eta_R$

(2) $P_{Eab} * t_{ab} = W_P * \eta_R * \eta_T * \eta_G$

Gleichung (1) wird in (2) eingesetzt

$$P_{Eab} * t_{ab} = (P_{Eauf} * t_{Pump} * \eta_M * \eta_P * \eta_R) * \eta_R * \eta_T * \eta_G$$

Die Generatorenleistung wird mit der Motorenleistung gleichgesetzt.

$t_{ab} = t_{Pump} * \eta_M * \eta_P * \eta^2_R * \eta_T * \eta_G$ oder

$$t_{Pump} = \frac{t_{ab}}{\eta^2_r * \eta_M * \eta_G * \eta_T * \eta_P}$$

$$t_{Pump} = \frac{3h * 3600}{0.95^2 * 0.89 * 0.92 * 0.86 * 0.79} = \mathbf{21511 \text{ s} => \approx 6 \text{ h}}$$

Die Pumpzeit ist mit ca. 6 Stunden etwa doppelt so lang wie die Energieerzeugungszeit.

4.2.5 Turbinenarten

Bisher ist bei allen Beispielen immer nur von Turbine gesprochen worden, aber je nach Anwendungsfall und Einsatzbereich haben sich eine Vielzahl von Turbinenarten entwickelt. Hier sollen aber nur die drei wichtigsten Turbinenformen kurz angeschnitten werden. Die verschiedenen Varianten sind in erster Linie auf die nutzbare Fallhöhe des Wassers ausgelegt und diese wird in drei Fallhöhen unterteilt.
Bei Fallhöhen bis 10 Meter werden Niederdruckturbinen eingesetzt. Für Flußkraftwerke trifft dies meistens zu, die Fallhöhe ist gering und der Wasserdurchsatz ist groß. Für diesen Einsatzbereich eignen sich Kaplan- und Rohrturbinen.
Die Mitteldruckturbinen decken den Bereich von 10 Meter bis ca. 100 Meter ab. Im unteren Bereich findet man noch Laufwasser- und Speicherkraftwerke anzutreffen. Die geeigneten Turbinenformen sind die Francis- und die Kaplanturbine.

Ab 100 Meter Fallhöhe werden Hochdruckturbinen verwendet. Eingesetzt werden Francis- und Peltonturbinen, auch Freistrahlturbinen genannt. Die größte nutzbare Fallhöhe liegt derzeit bei ca. 1800 Meter.

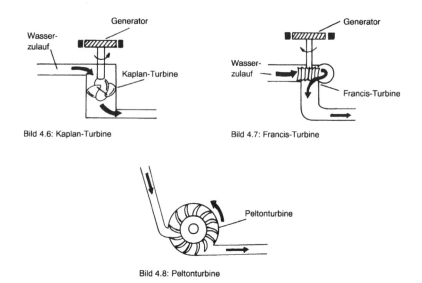

Bild 4.6: Kaplan-Turbine   Bild 4.7: Francis-Turbine

Bild 4.8: Peltonturbine

Bild 4.6-4.8: Turbinenarten

4.3 Zeitliche Laständerungen

Nachdem nun Laufwasser-, Speicher- und Pumpspeicherkraftwerke bekannt sind und die Verwendung im Tagesverlauf schon kurz angedeutet wurde, stellt sich die Frage: Wieso diese Vielfalt von Kraftwerken, allein schon bei den Wasserkraftwerken?
Diese Frage beantwortet ein Blick auf ein Tagesbelastungsdiagramm eines Energieversorgungsunternehmens (kurz EVU genannt). Das Tagesbelastungsdiagramm zeigt den sich ändernden Energiebedarf der Verbraucher über den Zeitraum eines Tages. Zudem gibt es noch Wochen-, Monats- und Jahresbelastungsdiagramme. Die stetige Änderung des Energiebedarf bedingt verschiedene Kraftwerkstypen, die in drei Erzeugungsbereiche, Grund-, Mittel- und Spitzenlast, eingeteilt werden.

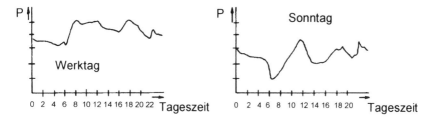

Bild 4.9: Lastfluß eines Werk- und Sonntags im Winterhalbjahr

Bild 4.9 zeigt ein Belastungsdiagramm eines Werktages, zwei Versorgungsspitzen fallen besonders auf. Bei Arbeitsbeginn gegen 7.00 Uhr steigt die Leistung stark an und nochmals gegen 17.00 Uhr wenn die Fernsehgeräte der Haushalte eingeschalten werden.
Bild 4.9 zeigt den Belastungsverlauf eines Sonntags, wobei besonders die Vormittagsspitze, ausgeprägt ist. Zu diesem Zeitpunkt wird üblicherweise das Mittagessen zubereitet.
Ziel eines jeden EVU`s ist es eine möglichst gleichbleibende Energieabgabe im Tagesverlauf zu erreichen, um die Kraftwerke immer im Nennbetrieb zu betreiben, d.h. besonders wirtschaftliche Energieerzeugung.

4.3.1 Grundlastkraftwerke

Diese Kraftwerksart ist ständig in Betrieb und gibt seine Nennleistung an das Netz ab. Eine Drosselung der Leistung ist unwirtschaftlich, da diese Kraftwerksarten zu träge reagieren oder die Primärenergie sonst ungenutzt verpufft. Zu den Grundlastkraftwerken zählen:
— Laufwasserkraftwerke
— Kernkraftwerke
— mit Einschränkung Kohlekraftwerke

4.3.2 Mittellastkraftwerke

Mittellastkraftwerke sind aus mehreren kleineren Blöcken aufgebaut. Die einzelnen Blöcke werden nach Bedarf zu- und abgeschalten wobei die einzelnen Blöcke meist im Nennbetrieb gefahren werden, so ergibt sich die größte Wirtschaftlichkeit für den Kraftwerksbetreiber. Der Mittellastbereich wird weitgehend durch thermische Kraftwerke abgedeckt, diese sind:

— Kohlekraftwerke
— Müllkraftwerke
— mit Einschränkungen Ölkraftwerke
— Kombikraftwerke, eine Mischung aus Kohle- und Gaskraftwerk

4.3.3 Spitzenlastkraftwerke

Spitzenlastkraftwerke sind sehr flexibel und können auf schnelle Lei-
stungsänderungen durch die geringen Hochlaufzeiten von wenigen Minuten gut reagieren. Ein typischer Vetreter dieser Kraftwerksart ist in
Kapitel 4.2.4 Pumpspeicherkraftwerk beschrieben.
Speicher- und im besonderen Pumpspeicherkraftwerke besitzen An-
laufzeiten von einigen Minuten, bis sie mit der Nennleistung in das Netz
einspeisen. Pumpspeicherkraftwerke bieten darüberhinaus noch den
Vorteil des Netzausgleichs, d.h. in Schwachlastzeiten wird Energie aus
dem Netz zum Pumpen bezogen und in Spitzenlastzeiten wird im Generatorbetrieb gearbeitet.
Zum gleichen Zweck werden Dieselkraftwerke (siehe auch Kap. 4.6.1)
bis zu einer Leistung von etwa 30 MW eingesetzt. Verwendet werden
Schiffsdieselaggregate.
Das dritte Spitzenlastkraftwerk ist das Gasturbinenkraftwerk (Kap.
4.7.1), die Hochlaufzeit liegt hier bei 1 bis 2 Minuten wobei die Lei-
stungsgrenze in etwa bei 100 MW liegt. Eingesetzt werden Turbinen-
triebwerke aus dem Flugzeugbau. Nachteil dieser Anlage ist der
schlechte Wirkungsgrad von etwa 20 %. Der Wirkungsgrad läßt sich
durch den Einsatz in einem Kombikraftwerk durch die Zweifachnutzung
deutlich steigern (siehe Kap. 4.5).

4.4 Thermische Kraftwerke

Noch vor den Wasserkraftwerken nutzte man thermische Kraftwerke
zur Erzeugung elektrischer Energie. Die Antriebsleistung wurde durch
Dampfmaschinen bewerkstelligt, die einen oder mehrere Generatoren
antrieben. Es mutet seltsam an, daß diese überaus teure Art elektrische
Energie zu erzeugen vor der Wasserkraft eingesetzt wurde. Versetzt
man sich aber in die Zeit um 1880 zurück, so stellt man fest, daß es an
geeigneten Übertragungssystemen wie Leitungen, Schaltern und
Transformatoren usw. fehlte. Die elektrische Energie mußte also dort
erzeugt werden, wo sie gebraucht wurde.
Bild 4.11 zeigt eines der ersten Dampfkraftwerke zur Stromerzeugung.
Die Pearl Street Station von Edison wurde 1882 in New York für die öffentliche Stromversorgung errichtet. Hauptgrund war für die Errichtung,

die Verbreitung elektrischen Lichts zu fördern. Ein Maschinensatz bestand aus einer 240 PS Dampfmaschine und einem "Jumbo-Dynamo" mit einem Gewicht von ca. 27 t. Diese Anordnung diente zur Versorgung von etwa 1200 Glühlampen! /9/

Bild 4.10: Kraftwerksstation in New York um 1882

4.4.1 Prinzipieller Aufbau eines Dampfkraftwerkes

Die Dampfmaschine als Antriebseinheit wurde mit den Jahren von der wirtschaftlicheren und wartungsärmeren Dampfturbine ersetzt. Die Ausnutzung der thermischen Energie im Dampf ist vom Prinzip her bei allen thermischen Kraftwerken gleich. Unterschiede gibt es im Primärenergieeinsatz, der von der Braun- und Steinkohle über Müll bis zur Kernkraft reicht.

Durch die Verbrennung der Primärenergie wird im Kessel des Kraftwerks Dampf für den Turbinenantrieb erzeugt. Konventionelle Dampfkraftwerke arbeiten mit Dampftemperaturen von ca. 550 °C und Drükken von ca. 180 bar. Unter diesen Voraussetzungen werden für eine Mega-Watt-Stunde (MWh) elektrischer Energie ca. 3 bis 5 Tonnen Frischdampf benötigt.

Der Turbinensatz besteht aus drei verschiedenen Turbinen mit unterschiedlichem Durchmesser, um möglichst die gesamte Dampfenergie zu nutzen. Den kleinsten Durchmesser besitzt die Hochdruckturbine, hier wird der Dampf von 550 °C und 180 bar auf ca. 300 °C / 20 bar entspannt. Durch die Zwischenüberhitzung wird nochmals dem Dampf Energie zugeführt, die Temperatur erhöht sich wieder auf ca. 550° C, durch die Zwischenüberhitzung verbessert sich der thermische Wirkungsgrad. Die Mitteldruckturbine arbeitet den Dampf bis auf wenige Bar ab. In der Niederdruckturbine wird der Dampf vollends bis auf ca. 0.05 bar und 30° C entspannt. Im Kondensator wird der Dampf zu Wasser verflüssigt und die Restenergie entzogen. Das kondensierte Wasser wird mittels einer Kondensatpumpe zum Speisewasserbehälter geleitet. Von dort aus gelangt es über die Speisewasserpumpe, die den Druck wieder auf 180 bar erhöht und über einen Vorwärmer zurück in den Kessel, so daß der Kreislauf geschlossen ist.

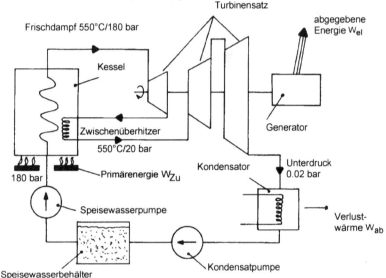

Bild 4.11: Blockschaltbild eines thermischen Kraftwerks

4.4.2 Energiebilanz eines thermischen Kraftwerkes

Der große Nachteil der thermischen Kraftwerke ist der relativ niedrige Gesamtwirkungsgrad von etwa 35 bis 40 % bei Kraftwerken, die rein zur Stromerzeugung genutzt werden. Eine Wirkungsgraderhöhung läßt sich durch zwei Maßnahmen vornehmen.
Erstes den Betrieb als *Kombikraftwerk*. Unter Kombikraftwerk versteht man die Kombination von Gasturbinenkraftwerk und Kohlekraftwerk. Die heißen Abgase (ca. 400 °C) einer Gasturbinenanlage werden in den Kesselraum des Kohlekraftwerks eingeblasen und so zur Dampferzeugung mitgenutzt. Der Wirkungsgrad der Gesamtanlage steigt so bis auf etwa 60 % (Stand 1992).
Die zweite und ältere Methode ist die *Kombination von Dampfkraft- und Heizkraftwerk*. Dabei wird aus der Mitteldruckturbine Dampf entnom-

men und zur Raumheizung benutzt. Je nach Jahreszeit und Anforderung wird mehr Heiz- oder Elektroenergie produziert. Das Kohlekraftwerk in Zolling bei Freising versorgt den Flughafen München II so mit Fernwärme. Unten (Bild 4.12) sind typische Wirkungsgrade eines Dampfkraftwerks aufgeführt, dabei fällt auf, daß der Kondensator den schlechtesten Wirkungsgrad mit 50 % besitzt. Eine Wirkungsgradänderung ist aber leider aus physikalischen Gründen nicht möglich.

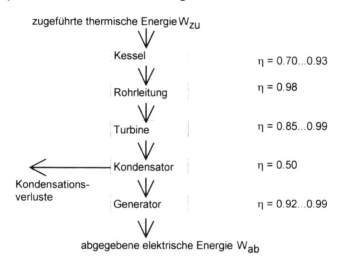

Bild 4.12: Energiefluß im Kraftwerk

4.5 Erzeugung der thermischen Energie

Für die Dampferzeugung werden die verschiedensten Primärenergieträger genutzt. Die Spanne reicht von der Stein- und Braunkohle über die Atomkraft und geothermischer Energie bis zur Nutzung der Sonnenstrahlen.

4.5.1 Kohle ein fossiler Brennstoff

Die Kohle wird noch lange Zeit ein bedeutender Energieträger bleiben und in seiner Bedeutung noch zunehmen, wenn man die Verfügbarkeiten der Kohle und der anderen fossilen Energieträger gegenüberstellt (siehe auch Kap. 4.1).

In der großtechnischen Dampferzeugung gibt es zwei Verfahren die Dampferzeuger mit Kohle zu beschicken. Die herkömmlichen Rostfeuerung, die auch vom Hausbrand her bekannt ist, wird bei Braunkohle und Müllkraftwerken eingesetzt. Die Arbeitstemperaturen liegen im Bereich von ca. 1200 °C. Die Staubfeuerung erlaubt höhere Betriebstemperaturen von ca. 1800 °C. Staubfeuerung wird bei Steinkohlekraftwerken eingesetzt. Die Steinkohle wird fein gemahlen und in den Kessel zur Verbrennung eingeblasen. Die Oberflächenerhöhung durch das Mahlen erlaubt eine sehr gute, saubere Verbrennung.

4.5.2 Umweltschutz im Kohlekraftwerk

Das tägliche Verbrennen vieler hundert Tonnen Stein- und Braunkohle bringt auch Probleme im Umweltschutz mit sich. Die Verbesserung der Umweltverträglichkeit läßt sich bei Steinkohlekraftwerken mittlerer Größe, ca. 500 MW, auf etwa 20 % Preissteigerung bei den Baukosten beziffern. Das Kohlekraftwerk der Isar-Amperwerke AG in Zolling bei München wies Entstehungskosten von 845 Mio. DM auf, wobei 225 Mio. DM auf den Umweltschutz entfallen sind (Stand 1989). Der Bereich Umweltschutz beinhaltet hier die vier tragenden Säulen:
Elektrofilter
Rauchgasentschwefelungsanlage (REA)
Rauchgasentstickungsanlage (NO_x-Minderung)
bauliche Maßnahmen (Begrünung, Farbgebung der Gebäude etc.)

4.5.2.1 Elektrofilter

Der Elektrofilter ist kein Filter gewöhnlicher Art, der mit einer Filtermatte versehen ist, sondern diese Filteranlagen verwenden die Elektrostatik. Vorteil dieses Systems ist der hohe Abscheidegrad bis zu 99,99 %, zum Vergleich mechanische Abscheider haben Abscheidegrade bis 90 %. Der Staubgehalt im Rohgas von 10 bis 100 Gramm/Kubikmeter wird auf 1 bis 10 Milligramm/Kubikmeter reduziert. Ein weiterer Vorteil ist der geringe Energiebedarf von 0.01 bis 1 kWh für die Reinigung von 1000 m^3 Rauchgas, zudem besitzen elektrostatische Filter eine hohe Betriebssicherheit und benötigen nur geringe Wartung gegenüber herkömmlichen Filtern.
Durch den einfachen Aufbau ist der Anwendungsbereich breit gestreut und reicht bis 55 bar Druck und 800 °C Betriebstemperatur. Elektrofilter findet man nicht nur im Kraftwerksbereich, sondern auch in der eisenverarbeitenden Industrie, in Zementwerken, Papierfabriken und der chemischen Industrie. Um sich ein Bild über den Mengendurchsatz ma-

chen zu können, dient hier die Angabe, daß bei 100 MW Kraftwerksleistung pro Stunde etwa 5000 m³ Rauchgas, gereinigt werden muß, was einem Staubgewicht von bis zu 500 kg pro Stunde entspricht!
Das untenstehende Bild 4.13 zeigt die prinzipielle Wirkungsweise eines elektrostatischen Filters. Das elektrostatische Feld bildet sich zwischen dem Zentraldraht und der geerdeten Rohrwandung aus. Das durchströmende Rauchgas wird aufgrund seiner elektrischen Ladung an der Rohrwandung abgeschieden. Die Reinigung erfolgt durch Abschalten der Spannung und Klopfen oder Rütteln des Filters. Die Filterstäube bzw. die Flugasche wird als Zusatzstoff in der Zementindustrie verwandt. Die Flugstaubentsorgung, von der Filterung über Zwischenlager und Verlademöglichkeiten hat natürlich ihren Preis, dieser läßt sich für ein 500 MW-Kraftwerk etwa mit 35 Mio. DM (Stand 1989) veranschlagen.

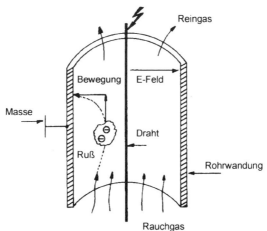

Bild 4.13: Elektrofilter

4.5.2.2 Rauchgasentschwefelungsanlagen = REA

In dieser Abgasreinigungsstufe soll das gasförmige Schwefeloxid dem Rauchgas entzogen werden. Schwefeloxid ist größtenteils für den "Sauren Regen" verantwortlich, der Natur und Umwelt schädigt.
Alle REA-Anlagen arbeiten in gleicher Weise: Dem Rauchgas wird das Schwefeloxid mithilfe eines Absorptionsmittel entzogen. Die gängigste Technik in diesem Bereich ist das sogenannte "Naßverfahren". Von den insgesamt vier Naßverfahren ist das Kalkverfahren am weitesten verbreitet.

1) **Kalkverfahren:** Die Absorbition des Schwefeloxids wird mittels Branntkalk, Kalkhydrat bzw. Kalkstein durchgeführt. Als Endprodukt gewinnt man Gips, der in der Baustoffindustrie Verwendung findet.

2) **Ammoniakverfahren:** Für die Absorbtion wird Ammoniak eingesetzt, damit entsteht als Endprodukt Kunstdünger, der in der Landwirtschaft eingesetzt werden kann.

3) **Doppelalkaliverfahren:** Als Absorber wird Natron- oder Kalilauge eingesetzt, wobei der verwendete Kalk regeneriert wird. Endprodukt ist wieder Gips.

4) **Natriumsulfidverfahren:** Absorbtion mit Natriumsulfid, die Regeneration erfolgt thermisch. Als Zwischenprodukt entsteht Schwefeldioxid, das zu Schwefel, Schwefelsäure oder flüssigem Schwefeldioxid weiter verarbeitet werden kann.

Die Wirkungsweise einer REA-Anlage wird im Bild 4.14 dargestellt. Nachdem das Rauchgas den Elektrofilter passiert hat, wird diesem im Wärmetauscher Energie entzogen, um das gereinigte Rauchgas wieder zu erwärmen damit es über den Kamin an die Atmosphäre abgegeben werden kann. Im Wärmetauscher vermindert sich die Temperatur des Rauchgases von ca. 140 °C auf 100 °C. Der Absorberturm wird von unten nach oben durchströmt, wobei das Rauchgas in mehreren Sprühzonen mit einer Kalksteinsuspension durchsetzt wird. In Verbindung mit Luft findet die Umwandlung des Schwefeldioxids in Gips statt. Außer Schwefeldioxid werden noch Fluoride, Chloride und Flugaschereste ausgewaschen. Durch die Reinigung kühlt das Rauchgas auf ca. 50 °C ab. Der nachgeschaltete Wärmetauscher heizt das gereinigte Rauchgas wieder bis auf ca. 80 °C auf, damit es über den Kamin an die Umwelt abgegeben werden kann.

Die Gipsemulsion sammelt sich am Boden des Absorberturms. Diese wird zum Oxidationsbehälter abgepumpt, in diesem findet die Umwandlung des restlichen Schwefeldioxids zu Gips statt. Danach wird der Gipsemulsion das Wasser über mehrere Entwässerungsstufen entzogen. Die Gipstrocknung entfernt das letzte Restwasser, so daß Gipspulver entsteht, das in der Baustoffindustrie weiterverarbeitet werden kann.

Der Reinigungsgrad einer REA-Anlage liegt etwa bei 80-90 %. Durch diese Einrichtung wird sich der Ausstoß von Schwefeldioxid von 1.55 Mio. Tonnen im Jahre 1982 auf ca. 0.34 Mio. Tonnen bis 1993 reduzieren. Diese Umweltschutzmaßnahme kostet auch Geld, eine REA-Anlage für ein 500 MW-Steinkohlekraftwerk im Naßverfahren mit Kalkstein kostet etwa 100 Mio. DM (Stand 1987). Bei Vollast werden ca. 11 Tonnen Gips pro Stunde produziert, für diese Mengen müssen Abnehmer in der Baubranche gefunden werden, ansonsten muß der Gips entsorgt werden!

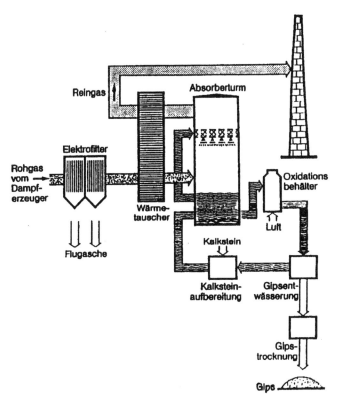

Reingas

Absorberturm

Elektrofilter

Rohgas vom Dampf- erzeuger

Oxidations behälter

Wärme- tauscher

Luft

Flugasche

Kalkstein

Kalkstein- aufbereitung

Gipsent- wässerung

Gips- trocknung

Gips

Bild 4.14: Blockbild einer Rauchgasentschwefelungsanlage

4.5.2.3 Entstickungsanlagen zur NO$_x$-Minderung

Die jüngste der Umweltschutzmaßnahmen, die Stickstoffreduktion, ist noch technisches Neuland. Zahlreiche Verfahrensvarianten befinden sich in der Erprobungsphase, das am weitesten fortgeschrittene, die *selektive katalytische Reduktion*, kurz *SCR-Verfahren genannt*, wird hier beschrieben.

Im modernen Kraftwerksbau werden zwei Varianten zur Stickoxidminderung eingesetzt: Die Primärmaßnahmen betreffen konstuktive Verbesserungen des Verbrennungsvorgangs, um möglichst wenig Stickoxide entstehen zu lassen. Die Sekundärmaßnahmen, die näher behandelt werden, dienen zur Reduktion bereits entstandener Stickoxide im Rauchgas.

Das Verfahren ist dem einer REA-Anlage ähnlich, dem Rauchgas wird Ammoniak zugesetzt und durch die chemische Reaktion entsteht Stickstoff N_2 und Wasserdampf, beides natürliche Bestandteile der Luft. Das Problem ist, daß diese Reaktion erst bei etwa 1000 °C abläuft und somit technisch nicht nutzbar ist. Abhilfe schafft der Einsatz eines Katalysators, dadurch läuft der chemische Prozess bereits bei ca. 350 °C ab, wobei ein Wirkungsgrad von ca. 90 % erreicht werden kann. Bei niedrigeren Temperaturen ergeben sich schlechtere Wirkungsgrade, so daß man auf den Temperaturbereich von ca. 300 bis 400 °C angewiesen ist. Die aber immer noch hohe Reaktionstemperatur gibt vor, die SCR-Anlage möglichst nah am Kessel eventuell noch vor dem Elektrofilter einzubauen, da hier die Abgastemperaturen ausreichend hoch sind. Bei ungünstigerem Einbau müssen die Rauchgase wieder auf etwa 320 °C aufgeheizt werden, dies bedeutet zusätzlichen Energieeinsatz und Kosten. Nachteil dieses Einbauplatzes ist der Durchsatz der gesamten Flugasche, diese sind ganz beträchtliche Mengen (siehe auch Kap. 4.5.2.1). Die Kosten einer Rauchgasentstickungsanlage eines 500 MW-Steinkohlekraftwerks belaufen sich auf ca. 50 Mio. DM (Stand 1987).

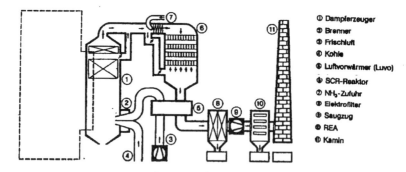

① Dampferzeuger
② Brenner
③ Frischluft
④ Kohle
⑤ Luftvorwärmer (Luvo)
⑥ SCR-Reaktor
⑦ NH₃-Zufuhr
⑧ Elektrofilter
⑨ Saugzug
⑩ REA
⑪ Kamin

Bild 4.15: Entstickungsanlage zur NO$_x$-Minderung

4.5.2.4 Bauliche Maßnahmen

Umweltschutz ist nicht nur Verminderung der Rauchgasemissionen, auch die Verminderung aller sonstiger Emissionen und die Einfügung in die Landschaft zählen zum Bereich Umweltschutz.
Einen Teil zur Integration in die Landschaft bildet die Farbgebung der Kraftwerksanlage. Da Kraftwerke verhältnismäßig hohe Industriebauten sind, Kesselhäuser haben Höhen von 120 Meter und Kühltürme sind bis 160 Meter hoch, wählt man hier Farben aus der Palette des Himmels

von Hellblau über Weiß bis ins Hellgraue um die Bauten der Himmel-farbe anzugleichen.
Nicht nur die Farbgebung, sondern auch die bauliche Gestaltung hilft Kraftwerksbauten optisch zu verkleinern. Das Anbringen von Verklei-dungen und Auflockerung durch Vorsprünge etc. führt zu einer opti-schen Verkleinerung. Bauliche Verkleinerungen lassen sich besonders durch die Verwendung eines zwangsbelüfteten Kühlturms erreichen, dieser ist etwa um 1/3 niedriger als ein gleichwertiger Naturzugkühl-turm. So läßt sich die Kühlturmhöhe von z.B. 120 Meter auf 80 Meter verkleinern, Wichtig ist in diesem Bereich auch die Begründung der Kraftwerksanlage, eventuell mit der Verwendung eines Erdwalls.
Der Erdwall, wie auch die Grünanlage dienen aber nicht nur zur opti-schen Verbesserung, sie erfüllen eine weitere wichtige Aufgabe, die Verminderung von Lärm für die Umgebung.

4.6 Ölkraftwerke

Ölkraftwerke spielen in der Stromversorgung nur noch eine untergeord-nete Rolle, da sich die Kosten für die Primärenergie Erdöl in den letzten 15 Jahren etwa verzehnfacht haben. Grundsätzlich können zwei Kraft-werkstypen unterschieden werden: Zum einen die motorgetriebenen Kraftwerke (Dieselkraftwerke) mit kleinerer Leistung und zum anderen die thermischen Ölkraftwerke, die Schweröl als Heizmittel verwenden.

4.6.1 Dieselkraftwerke

Motorische Dieselkraftwerke lassen sich nach dem Drehzahlbereich der Motoren einteilen.
Langsamläufer (75 - 400 1/min) werden als stationäre Kraftwerksanla-gen im Grundlastbereich eingesetzt um kleinere Inselnetze z.B. in Ent-wicklungsländern zu betreiben. Diese Grundlastdieselkraftwerke verwen-den Schiffsdieselanlagen und sind bis ca. 30 MW elektrische Leistung lieferbar. Als Brennstoff wird Rohöl oder schweres Heizöl verwendet.
Mittelschnelle Viertaktdieselmotoren (400 - 1000 1/min) werden gern für Inselnetze in entlegenen oder unzugänglichen Gebieten eingesetzt, da sie bei Leistungsgleichheit gegenüber den Langsamläufern deutlich leichter und von den Abmessungen kleiner sind. Die Leistungsober-grenze liegt etwa bei 10 MW elektrische Leistung.
Schnelläufer (ab 1500 1/min) werden als stationäre oder mobile Not-stromaggregate eingesetzt. Der Leistungsbereich liegt etwa bis 1 MW. Als Brennstoff wird leichtes Heizöl benötigt.

Vorteil dieser Anlagen gegenüber anderen thermischen Kraftwerken ist der niedrige Erstellungspreis, der bei ca. 1 Mio. DM pro MW elektrischer Leistung bei stationären Anlagen liegt. Nachteilig sind die hohen Betriebskosten, die größtenteils durch den Brennstoff Öl verursacht werden.
Stationäre Dieselkraftwerke lassen sich auch zur Kraft-Wärmekopplung einsetzen, allerdings sollte bei dieser Verwendung gasbetriebenen Motoren der Vorzug gegeben werden, da Erdgas bedeutend umweltschonender als schweres oder leichtes Heizöl ist. (siehe auch Kap. 4.7.2)

4.6.2 Thermische Ölkraftwerke

Bis Mitte der 70er Jahre war Erdöl ein sehr preisgünstiges Heizmittel, es war leicht zu transportieren, zu speichern und zu verheizen. Durch die Ölkrisen verteuerte sich aber das Heizmittel Öl derart, daß es als Heizstoff für die Elektroenergieerzeugung unrentabel wurde.
Aus dieser Zeit sind noch einige große thermische Ölkraftwerke, als Reservekraftwerke, in Betrieb. In der Nähe von Ingolstadt wird noch ein großes thermisches Ölkraftwerk als Reservekraftwerk betrieben, die drei Blöcke leisten zusammen 930 MW. Einst als Grundlastkraftwerk konzipiert, dient es heute nur noch zur Deckung von Spitzenlast und als Reservekraftwerk bei Revisionen in anderen großen Kraftwerksanlagen oder bei deren unvorhergesehenen Ausfall, um die Versorgung sicherzustellen.
Hier gilt das gleiche, wie bei Diesekraftwerken, die Baukosten sind mit ca. 1 Mio. DM pro MW installierte elektrische Leistung vergleichsweise gering, allerdings sind die Energiepreise für das schwere Heizöl in den letzten 20 Jahren so explodiert (Faktor 10), daß nur wenige neuere Ölkraftwerke, die Anfang der 70er Jahre gebaut wurden, heute noch intakt sind und gelegentlich zur Stromerzeugung herangezogen werden.

4.7 Gaskraftwerke

Gaskraftwerke wurden bis vor kurzer Zeit lediglich als Spitzenlastkraftwerke in Form von Turbinenkraftwerken eingesetzt. Seit Ende der 80er Jahre findet man immer häufiger Blockheizkraftwerke, die mit Gas betrieben werden. In Zukunft wird es auch Kombikraftwerke geben, die die heissen Abgase von Gasturbinen im Dampferzeuger eines Kohlekraftwerks verwenden und so den Gesamtwirkungsgrad bis auf ca. 60 % erhöhen (Stand 1992).

4.7.1 Gasturbinenkraftwerke

Der Aufbau eines Gasturbinenkraftwerks ist relativ einfach, als Antriebsquelle dienen umgerüstete Flugzeugturbinen, diese treiben den Generator an. Eingesetzt wird dieser Kraftwerkstyp zur Deckung der Spitzenlast und ist in der Leistung bis ca. 100 MW verfügbar.

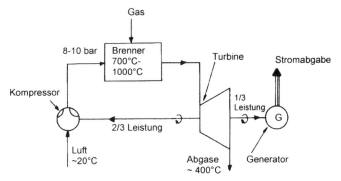

Bild 4.16: Prinzipschaltbild einer Gasturbinenanlage

Aus der obigen Abbildung 4.16 ist ersichtlich, daß ca. 66% der Turbinenleistung benötigt wird, um die Verbrennungsluft zu komprimieren. Daraus ergibt sich der schlechte Gesamtwirkungsgrad von etwa 20 Prozent. Betrieben werden die Gasturbinenanlagen mit Erdgas oder Erdöl, diese zählen zu den teuersten Primärenergien. So verwundert es nicht, daß nur Spitzenlast mit solchen Kraftwerksanlagen abgedeckt wird.

Kraftwerke zur Spitzenlastdeckung müssen noch einige Anforderungen erfüllen, um in diesem Bereich eingesetzt zu werden. Die erste und wichtigste, Spitzenlastkraftwerke müssen schnell anzufahren sein, d.h. vom Stillstand zur vollen Leistungsabgabe dürfen nur wenige Minuten vergehen. Zweitens müssen die Baukosten gering sein, da diese Kraftwerke pro Tag nur wenige Stunden (etwa 2-4h) laufen und sich die Baukosten auf die Stromerzeugungskosten niederschlagen. Um die Betriebskosten niedrig zu halten, müssen die Spitzenlastkraftwerke automatisierbar sein, damit wird der Personalbedarf minimiert.

Gasturbinen erfüllen alle diese Anforderungen. Die Hochlaufzeit vom Stillstand bis zur Vollast beträgt etwa 5 Minuten. Die Baukosten liegen mit 500.000 DM pro MW elektrische Leistung weit unter den anderen Kraftwerkstypen. Turbinenanlagen sind einfach zu automatisieren, die Meß-. und Regelungstechnik findet man in jedem Strahlflugzeug.

Die heißen Abgase der Turbinen sind zu schade, um sie ungenutzt in die Umwelt zu entlassen, deshalb werden sie in Zukunft noch energe-

97

tisch genutzt werden. Die Nutzung der Abwärme, die Temperatur liegt zwischen 400 °C und 500 °C, kann über zwei Wege erfolgen. Eine Alternative ist die Nutzung zur Heißwasserbereitung für eine Fernwärmeversorgung etc.. Der zweite Weg wäre das Einblasen der heißen Abgase in den Kessel eines herkömmlichen Kohlekraftwerks. Da die Gasturbinenabgase noch genügend Sauerstoff für die Kohleverbrennung enthalten stellt sich dies durchaus als gangbarer Weg dar, zumal die Gasturbinenkraftwerke meist auf dem Gelände eines anderen Kraftwerkes stehen.

4.7.2 Blockheizkraftwerke

Blockheizkraftwerke können, wie bereits erwähnt, mit Dieselkraftstoff oder mit Erdgas betrieben werden, aber Erdgas ist der umweltfreundlichere Brennstoff. In den letzten Jahren hat sich in diesem Bereich die Modultechnik durchgesetzt. Es werden Standardmodule für Blockheizkraftwerke von 50 kW elektrischer und 70 kW thermischer Leistung bis zu 300 kW elektrischer und 450 kW thermischer Leistung angeboten. Die Modulbauweise bringt den Vorteil, durch Standardisierung und somit größeren Stückzahlen läßt sich der Preis reduzieren. Weiterhin ist bei größerem Strom- und Wärmebedarf die Zusammenschaltung mehrerer Module problemlos möglich und es wird gleichzeitig die Flexibilität und Versorgungssicherheit des gesamten Blockheizkraftwerkes erhöht. Die wirtschaftliche Arbeitsweise von Blockheizkraftwerken ist nur gegeben, wenn gleichzeitig Wärme und Strom benötigt wird, wobei die Wärme Priorität besitzt. Ein Blockheizkraftwerk ist nur dort sinnvoll wo die Wärme genutzt werden kann. der Strom ist nur eine willkommene Zugabe, d.h. Blockheizkraftwerke sind in erster Linie *Heizkraftwerke*. Betriebsabläufe die beide Voraussetzungen, Strom und Wärme werden gleichzeitig gebraucht, erfüllen, bieten sich optimal für die Energieversorgung mittels Blockheizkraftwerk an. Die Nahrungsmittelindustrie zählt zu diesem Bereich, Krankenhäuser und die Kombination Schule + Schwimmbad etc., wobei darauf hingewiesen wird, daß jeder Fall genau betrachtet werden muß.

4.7.3 Deponiegaskraftwerk

Ein Sonderfall von Gaskraftwerken sind die *Deponiegaskraftwerke*, diese Anlagen nutzen die austretenden Gase der Mülldeponien. Der Aufbau ist dem eines Blockheizkraftwerks ähnlich, die Anlage besteht nur aus einem Gasmotor, der einen Generator antreibt, Der Betreiber einer Mülldeponie ist ohnehin verpflichtet für die Entsorgung der entstehenden Gase zu sorgen, bisher wurden diese abgefackelt, d.h. ver-

98

brannt, um die Geruchsbelästigung zu vermeiden. Im oberbayerischen Raum sind derzeit drei Anlagen mit je 260 kW elektrischer Leistung in Betrieb. Die jährliche Stromerzeugung wird im Bereich von ca. 2 Mio. kWh liegen, damit können jeweils 500 Haushalte mit Strom versorgt werden.

4.8 Kernenergie

Die Kernenergie ist mittlerweile die umstrittenste Primärenergie zur großtechnischen Stromerzeugung. Vom Funktionsprinzip ist der technische Ablauf genauso, wie in jedem anderen thermischen Kraftwerk. Durch die Primärenergie, hier die Kernkraft, wird thermische Energie erzeugt, diese wird in Wasserdampf umgesetzt, der wiederum eine Turbine antreibt. Die Rotationsenergie der Turbine treibt einen Generator zur Stromerzeugung an.
Der Nachteil aller kerntechnischen Anlagen, ist die immer noch ungeklärte Entsorgung. Die Wiederaufarbeitung ist in Deutschland mittlerweile undenkbar, so bleibt nur die Endlagerung in Salzstollen. Trotz des Entsorgungsproblems wird die Kernenergie mittelfristig einen erheblichen Beitrag zur Stromerzeugung liefern. Zur Zeit sind dies in Bayern etwa 50 % der Stromerzeugung. Der unbestrittene Vorteil der Kernenergie ist die umweltfreundliche Energieerzeugung bei der weder Kohlendioxid, noch Schwelfeldioxid und Stickoxide entstehen, die den Hauptanteil am Treibhauseffekt haben (siehe auch Kap. 4.1.3). Zur Verdeutlichung sollen hier nur zwei Zahlen angeführt werden *100 Kilogramm angereichertes Uran* besitzen den gleichen Heizwert wie *8000 Tonnen Steinkohle.*
In diesem Kapitel werden nur die zwei Reaktortypen angerissen, die in Westdeutschland für die Energieerzeugung genutzt werden, dies sind *Druckwasser- und Siedewasserreaktor.* Die Vielzahl von Reaktortypen, die vom heliumgekühlten Kugelhaufenreaktor bis zum Schnellen Brüter reichen, sind hier ausgespart, da dies den Rahmen dieses Buchs sprengen würde.

4.8.1 Siedewasserreaktor

Dieser Kernkraftwerkstyp ist der älteste und somit ausgereifteste Reaktor. Die Funktionsweise ist sehr einfach, mit der Wärme, die durch den Kernzerfall entsteht wird Wasser zum Sieden gebracht. Der so entstandene Wasserdampf wird zur Turbine mit Hoch-, Mittel- und Niederdruckteil geleitet und abgearbeitet. Der Restdampf wird wieder im Kühlturm kondensiert und das entstehende Wasser wird in den Reaktor zurückgepumpt (siehe auch Kap. 4.4.1).

Der Siedewasserreaktor besitzt nur einen Wasser-, Dampfkreislauf. In diesem Fall ist ein Kreislauf ausreichend, da Wasser (H_2O) keine Radioaktivität aufnimmt und damit die Verschleppung der Radioaktivität im gesamten Wasserkreislauf nicht vorkommt. Problematischer gestaltet sich die Verschleppung von Radioaktivität durch Materialabtragung bei den Brennstäben oder im Fehlerfall.

Das nachfolgende Bild 4.17 zeigt das Prinzip eines Siedewasserreaktors. Die Regelung des Reaktors erfolgt über Regelstäbe, die neutronenabsorbierend sind und so Kernreaktion beeinflussen können. Zu Beachten ist weiterhin, das Temperaturniveau und der Druck. Mit 285 °C und 70 bar liegen die Werte weit unter denen eines Kohlekraftwerks mit 550 °C und 180 °C bar, technisch wäre das gleiche Druck- und Temperaturniveau kein Problem. Die Verminderung von Druck und Temperatur ist ein Zugeständnis an das hohe Sicherheitsniveau des Kraftwerkes, da bei geringeren Betriebswerten Rohrleitungen, Ventile und Turbinen usw. nicht so stark beansprucht werden.

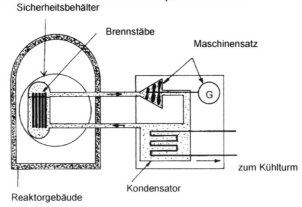

Bild 4.17: Siedewasserreaktor

Die hohen Baukosten von ca. 10 Mio. DM pro MW elektrische Leistung sind in Westdeutschland nicht zuletzt auf den hohen Sicherheitsstandard und die damit verbundenen Kosten zurückzuführen, dies ist aber auch gerechtfertigt.

4.8.2 Druckwasserreaktor

Die Funktionsweise ist genauso wie beim Siedewasserreaktor, einen technischen Unterschied gibt es aber. Es werden zwei Wasserkreisläufe verwendet, wobei im Reaktorkreislauf kein Dampf entsteht. Der Dampf wird im Wärmetauscher erzeugt. Aufgrund der zwei getrennten Wasserkreisläufe bieten Druckwasserreaktoren ein noch höheres Sicherheitspotential, als dies bereits Siedewasserreaktoren tun. Nachteil ist, durch den zusätzlichen Wärmetauscher ist die Effizienz, die Energieausnutzung, geringer als beim Siedewasserreaktor und die Baukosten sind etwas höher als bei vergleichbaren Siedewasserreaktoren.

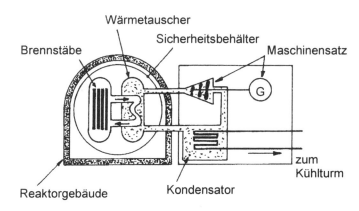

Bild 4.18: Druckwassereaktor

4.8.3 Reaktorsicherheit

Seit der Atomkatastrophe von Tschernobyl hat die Atomkraft fast die gesamte Akzeptanz in der Bevölkerung verloren. Aber man darf nicht außer Acht lassen, daß die westdeutschen Kernkraftwerke den höchsten Sicherheitsstandard im Weltvergleich vorweisen können.
In westdeutschen Standardkernkraftwerken sind fünf Sicherheitsbarrieren eingebaut, um die Radioaktivität dort zu halten wo sie hingehört, auch im Fehlerfall!

1) Der Kernbrennstoff ist in gasdicht verschweißten Brennstabhüllen untergebracht.
2) Der Reaktordruckbehälter besteht aus Stahl mit ca. 150 mm Wandstärke. Die Schweißnähte werden geröntgt um Einschlüsse und Materialfehler zu finden.
3) Der Stahlbetonmantel, mit etwa 2 Meter Stärke, der den Reaktor umgibt dient als biologisches Schild, um im Betrieb und vor allem im Fehlerfall die Strahlung abzubauen.

4) Der Sicherheitsbehälter, in dem sich der Kernreaktor nochmals befindet, dient zur Druckaufnahme im Fehlerfall und damit keine Radioaktivität entweichen kann. Dieser Behälter hat eine Wandstärke von 20 - 30 mm und einen Durchmesser von ca. 60 Meter.
5) Die Stahlbetonhülle, bis 1.80 Meter dick, gehört zum Reaktorgebäude und schützt den Reaktor gegen Einwirkungen von außen, wie z.B. Flugzeugabstürze, Erdbeben usw.

Nicht zu vergessen ist hier der Moderator Wasser, der für die Kernspaltung notwendig ist. Wasser hat die positive Eigenschaft, daß bei steigender Temperatur der Moderationsgrad abnimmt, also die Kernspaltungswahrscheinlichkeit zurückgeht und sich die Kernspaltungen und damit die produzierte Energie verringern. Bei Überhitzen des Reaktors wird somit automatisch die Kernreaktion verlangsamt.

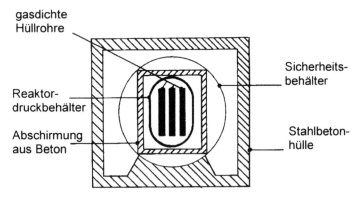

Bild 4.19: Sicherheitssysteme in Kernkraftwerken

Das Tschernobyl-Kernkraftwerk vom Typ RBMK-1000 folgt einer anderen Philosophie. Dieser Kraftwerkstyp, der nur in der UdSSR betrieben wird, liefert 1000 MW elektrische Leistung und ging Ende 1983 in Betrieb. Der Kernbrennstoff kommt direkt mit dem Kühlmittel in Berührung. Der Reaktordruckbehälter, der auch für den Betrieb notwendig ist, ist gleichzeitig die einzige Sicherheitsmaßnahme. Als Moderator wurde und wird in anderen noch betriebenen Anlagen, Graphit verwendet. Graphit besitzt die sicherheitstechnisch negative Eigenschaft, daß sich die Moderationsrate bei steigender Temperatur erhöht, also je heißer der Reaktorkern wird desto mehr Energie wird durch Kernspaltung freigesetzt, dies kann leicht zu einem sich aufschaukelndem Kreislauf werden, wie dies in Tschernobyl geschehen ist.

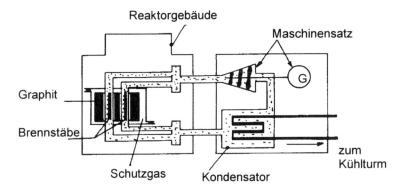

Bild 4.20: Tschernobyl-Kraftwerk vom Typ RBMK-1000

Der Sicherheitsstandard in westdeutschen Leichtwasserreaktoren, dazu gehören Siede- und Druckwasserreaktor, ist so hoch, daß im Normalbetrieb die Umwelt mit weniger als 1 mrem pro Jahr belastet wird. Zum Vergleich einige Strahlenbelastungen aus dem täglichen Leben, denen niemand entgehen kann. Der Strahlenanteil an der jährlichen Dosis durchs Fernsehen beträgt etwa 1 mren pro Jahr. Die Erd- und kosmische Strahlung haben einen Anteil von jeweils ca. 50 mrem pro Jahr und über die Luft und die Nahrung nimmt man ca. 30 mrem pro Jahr auf.

In westdeutschen Kernkraftwerken sind die Sicherheitseinrichtungen so ausgelegt, daß bei doppeltem Bruch der Kühlwasserleitungen die austretende Radioaktivität kleiner als 30 mrem pro Jahr ist. Diesen schweren Unfall bezeichnet man als "Gau". Zu den Sicherheitseinrichtungen zählt die selbsttätige Nachkühlung aus Druckspeichern genauso wie die Nachkühlung mit vier unabhängigen Pumpensystemen, wobei zwei ausreichen die entstehende Wärme abzuführen, nicht zu vergessen ist die Möglichkeit auf Umwälzbetrieb zu schalten, dabei wird die Wärme über den Sicherheitsbehälter und das Reaktorgebäude abgegeben.

4.9 Solarkraftwerke

4.9.1 Sonne und Energie

Im Zuge steigenden Umweltbewußtseins bekommt die Energieerzeugung aus umweltschonenden Quellen eine immer größere Bedeutung. Die Nutzung der Sonnenkraft ist eine dieser umweltschonenden Ressourcen zur Energieversorgung. Zu großer Enthusiasmus muß aber abgedämpft werden, weder die gesamte Stromerzeugung, noch der Wärmebedarf läßt sich in absehbarer Zeit vollständig aus regenerativen Energiequellen decken. Wenn der Anteil der Solar- und Windanlagen an der Stromerzeugung bis zur Jahrtausendwende einige Prozent erreichen würde, wäre in dieser Hinsicht viel geschehen.

Die Sonne als nahezu unerschöpflicher Energiespender läßt sich in zwei Richtungen dazu benutzen für die Menschen nutzbare Energie bereitzustellen. Zum einen, die Nutzung als Wärmequelle, zur Warmwasserbereitung oder als Heizungszusatz über Solarkollektoren oder die direkte Nutzung der Sonnenstrahlen durch einen Wintergarten, dieser Bereich bleibt hier aber ausgeklammert.

Die zweite Nutzungsart, ist die Umwandlung der Sonnenenergie in elektrische Energie, wobei sich wieder zwei grundsätzlich verschiedene Systeme zur Nutzung herausgebildet haben. Die direkte Wandlung von Sonnenstrahlen in elektrische Energie, die sogenannte *Photovoltaik* und die *solarthermischen Anlagen*, die zur Stromerzeugung den Umweg über die Wärme gehen und von der Funktionsweise den thermischen Kraftwerken ähnlich sind.

Durch die Sonne wird jedes Jahr die gewaltige Energiemenge von $1.9 * 10^{14}$ Tonnen Steinkohleeinheiten (tSKE) auf die Erde gestrahlt. Also die Heizmenge von 190.000.000.000.000 Tonnen Steinkohle liefert die Sonne Jahr für Jahr, um unsere Erde zu beheizen und bewohnbar zu machen. Um einen Eindruck der gewaltigen Energiemenge zu bekommen, muß man sich vor Augen halten, daß der gesamte Jahresweltenergieverbrauch nur 0.006 Prozent der Sonneneinstrahlung beträgt, oder daß nur 0.1 Prozent der Sonnenstrahlung notwendig ist, um die gesamte Biomassenproduktion zu bewerkstelligen.

Aufgrund so riesiger Energiemengen scheint es sinnvoll zu sein, diese Sonnenenergiequelle zu erschließen und für die Menschheit nutzbar zu machen. Allerdings gibt es einen großen Nachteil der Sonnenenergie, die starken Schwankungen erschweren die Nutzung. Die Sonnenscheinintensität hängt von vier Faktoren ab:

1) Die Jahreszeit bestimmt in erster Linie die Sonnenscheinintensität, ca. 75 Prozent der Jahreseinstrahlung steht im Sommerhalbjahr von April bis September zur Verfügung.

2) Die tageszeitabhängige Sonnenstrahlung, die von maximaler Einstrahlung mit ca. 900 W/m² in Mitteleuropa bis zu keiner Einstrahlung 0 W/m² in der Nacht schwankt.

3) Der Einfluß der Bewölkung, die entscheidend die Sonnenscheinintensität mitbeeinflußt. Bei klarem Himmel im Hochsommer erreicht man im deutschen Raum bis 900 W/m², wohingegen ein trüber Wintertag lediglich 20 W/m² Sonneneinstrahlung aufweist.

4) Die geographische Lage beeinflußt ebenfalls die Sonnenscheindauer, wie Bild 4.21 zeigt, differiert diese bereits im deutschen Raum

ganz erheblich. Das Jahresmittel am Äquator liegt bei ca. 250 W/m²,
in Mitteleuropa liegt dieses um die Hälfte niedriger bei ca. 120 W/m².

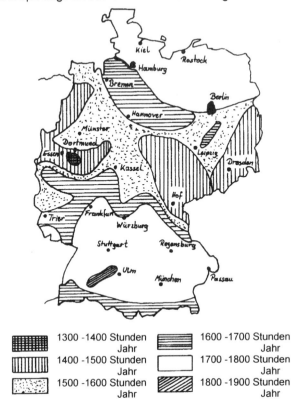

	1300 -1400 Stunden Jahr		1600 -1700 Stunden Jahr
	1400 -1500 Stunden Jahr		1700 -1800 Stunden Jahr
	1500 -1600 Stunden Jahr		1800 -1900 Stunden Jahr

Bild 4.21: Durchschnittliche Sonnenscheindauer im Jahr

4.9.2 Der Aufbau von Solarzellen

Solarzellen sind großflächige Halbleiterdioden. Die untenstehende Abbildung 4.22 zeigt den prinzipiellen Aufbau; auf ein ca. 0.2 mm dickes p-
leitendes Substrat wird eine n-leitende Schicht mit 0.02 mm aufgebracht, diese ist lichtdurchlässig. Das p-leitende Substrat wird mit einer
Metallplatte kontaktiert, diese dient zur Stromableitung und zur Verstei-
fung der Solarzelle. Die Kontaktierung der n-leitenden Schicht muß so
erfolgen, daß der Lichteinfall möglichst nicht beeinträchtigt wird, meistens verwendet man eine kammartige Kontaktierung.

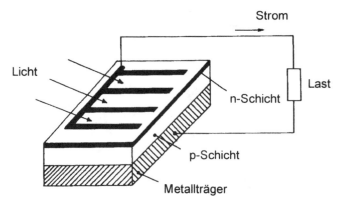

Bild 4.22 Aufbau einer Solarzelle

Die Lichtquanten des einfallenden Lichts prallen auf die Atomstruktur des Halbleiters. Ist die Lichtenergie größer als die Bindungsenergie der Elektronen werden Ladungsträgerpaare (+/-) gebildet. Um diesen Effekt zu verstärken wird die lichtdurchlässige Schicht mit einer Reflexionsschicht versehen, um eine möglichst hohe Ausnutzung des einfallenden Lichts zu erreichen. Die Reihenfolge der p- und n-leitenden Schichten ist nicht zwingend, manche Hersteller verfahren umgekehrt. Serienzellen erreichen Wirkungsgrade bis ca. 18 %.

4.9.3 Photovoltaik-Kraftwerke

Die Sonnenstrahlung wird bei diesem Prinzip direkt in elektrischen Strom umgewandelt, dazu ist eine Halbleiterscheibe notwendig. Die Halbleiterscheiben bestehen meist aus Silizium, es werden aber noch andere Halbleitersubstanzen, wie Galliumarsenid, auf Verwendbarkeit untersucht. Seit Mitte der fünfziger Jahre werden Solarzellen zur Stromerzeugung eingesetzt. Diese frühen Solarzellen waren sehr teuer und somit nur der Raumfahrt zur Versorgung von Satelliten usw. vorbehalten.

Durch den starken Anstieg der Elektronik und der damit verbundenen Verbrauchssteigerung von Reinsilizium sank seit Anfang der achtziger Jahre der Preis für Silizium durch die Massenproduktion und damit auch für den Rohstoff der Solarzellen derart, daß an einen Einsatz zur Stromerzeugung gedacht werden konnte.

Seit Juli 1983 wird auf der Insel Pellworm ein Photovoltaikkraftwerk betrieben, womit das örtliche Kurzentrum versorgt wird. Die Spitzenleistung liegt bei dieser Anlage bei 300 kW und ist damit Europas größtes Solarkraftwerk. Die 17.568 Module benötigen eine Aufstellungsfläche von rund 18.000 Quadratmeter. Ein anderes Projekt das zur Zeit entsteht ist das Solar-Wasserstoff-Kraftwerk in Neunburg vorm Wald. Diese Anlage wird bis zu 500 kW elektrische Leistung erzeugen, dabei handelt es sich aber um eine Versuchsanlage, mit der die Wasserstofftechnologie vorangetrieben wird. Diese Wasserstofftechnologie beinhaltet die Speicherung von elektrischer Arbeit über den Umweg Wasserstoff, da sich dieses Gas speichern läßt und auch anderweitig als Kraftstoff oder zur Wärmeerzeugung nutzen läßt. Zu Beachten ist, daß die Leistungsangaben der Solarkollektoren immer auf die Sonneneinstrahlung von 1000 Watt pro Quadratmeter normiert sind, d.h. in unseren Breiten werden sie nur ganz selten diesen Nennwert erreichen.

Bild 4.23:

Ein weiterer Nachteil gegenüber thermischen Kraftwerken ist der niedrige Wirkungsgrad der Solarzelle, der sich im Bereich von 10 bis 18 Prozent bewegt. Der Systemwirkungsgrad des Kraftwerks liegt noch deutlich darunter, er bewegt sich von 7 bis 12 Prozent. Aus dem schlechten Wirkungsgrad resultiert u.a. der große Flächenbedarf. Am Bild 95 der Solaranlage ist dieser gravierende Nachteil der Photovoltaik deutlich sichtbar, der enorme Flächenbedarf für Anlagen größerer Leistung. Diese Flächen stehen in Mitteleuropa nur sehr begrenzt zur Verfügung. Ein Ausweichen in die Wüstenregionen unserer Erde wäre möglich, da mit Wasserstoff als Zwischenspeicher sicherlich eine zuverlässige Versorgung, ähnlich der des Erdöls, aufgebaut werden könnte. Verglichen mit den bisher behandelten Kraftwerken, ist das Photovoltaikkraftwerk das teuerste. Das Kilowatt installierte Leistung schlägt etwa mit 25.000 DM bis 35.000 DM zu Buche. Vergleicht man dies mit einem Kohlekraftwerk das mit ca. 2000 DM pro installiertem Kilowatt Leistung auskommt, einschließlich Umweltschutzmaßnahmen, so zeigt sich deutlich daß diese Technologie zum jetzigen Zeitpunkt als Stromversorgung nur für exponierte Anlagen in Betracht kommt. Hier hat sie auch ihre Berechtigung. So erfolgt die Versorgung von Richtfunkstationen, Berghütten und Bojen usw. häufig über Solarzellen, da die Solarzellen in diesen Einsatzbereichen mit Dieselgeneratoren oder Batterien, konkurrieren, ist die Solarzellenversorgung oft günstiger als die oben genannten anderen Versorgungsvarianten.

Die verwendete Primärenergie im Solarkraftwerk besitzt gleich zwei Vorteile verglichen mit der chemischen Primärenergie: Erstens belastet sie die Umwelt nicht durch Abgase und zweitens steht die Primärenergie, die Sonnenstrahlung, kostenlos zur Verfügung.

Über die Lebensdauer von Solarzellen ist sich die Fachwelt noch nicht im Klaren, da bei großtechnischem Einsatz noch keine Erfahrungswerte vorliegen. Man geht aber von einer mittleren Lebensdauer der Solarzelle von mindestens 40 Jahren aus

4.9.4 Energieversorgung der Zukunft: Solar-Wasserstoff-Kraftwerke

In der Bezeichnung Solar-Wasserstoff-Kraftwerke ist die Teilung bereits enthalten. Die Energiebereitstellung erfolgt über die Sonne, die als Primärenergiespender fungiert. Der aus einem Photovoltaik-Kraftwerk (Solar-KW) gewonnene Strom wird zur Erzeugung von Wasserstoff durch Elektrolyse eingesetzt und nicht wie bisher in ein Stromnetz eingespeist. Elektrolyse ist die chemische Zersetzung von Wasser in seine Bestandteile Wasserstoff und Sauerstoff mit Hilfe von Strom.

Hier stellt sich die Frage, welche Vorteile bietet dieses Energieversorgungssystem mit dem Umweg über den Wasserstoff als Zwischenenergieträger. Der größte Vorteil ist unbestritten die *Speicherfähigkeit* von elektrischer Energie in Form von Wasserstoff. Elektrische Energie war bisher nur sehr begrenzt in Pumpspeicherkraftwerken oder ähnlichen Kraftwerken speicherfähig. Durch den Wasserstoff ist es erstmals möglich, große Energiemengen, auch über lange Zeit zu speichern, z.B. die im Sommer überschüssige Energiemenge kann für die Überbrückung der Wintermonate verwendet werden.

Ein weiteres Plus der Wasserstofftechnologie ist, die *Transportierbarkeit* von Wasserstoff in Tanklastwägen, Tankschiffen und in Pipelines, somit kann die Erzeugung weit von der Verbrauchsstelle entfernt sein, z.b. die Wasserstofferzeugung in Wüstengebieten kann zur Versorgung von Mitteleuropa verwendet werden, ähnlich der Erdölversorgung. *Umweltverträglichkeit* ist das dritte Plus des Wasserstoffs, bei seiner Verbrennung, egal welcher Art, entsteht nur Wasser bzw. Wasserdampf. Der bei der Verbrennung verbrauchte Sauerstoff wurde beim Spaltungsprozess erzeugt.

Die vielseitige Anwendung spiegelt sich im untenstehenden Bild 4.24 wieder. Wasserstoff kann somit als Wärme-, Kraft- und Stromquelle genutzt werden. Besonders interessant ist die Rückwandlung in Strom mittels der Brennstoffzelle.

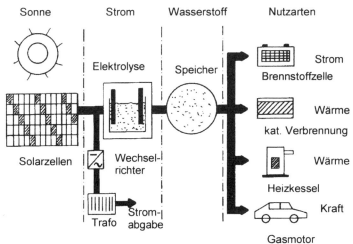

Bild 4.24: Prinzip der Wasserstofftechnologie

Die zweite Nutzung der Solarkraft zur Stromerzeugung geht den Umweg über die Wärme, dieses Verfahren wird nachfolgend dargestellt.

4.9.5 Thermische Solarkraftwerke

Die thermischen Solarkraftwerke waren die ersten Kraftwerksanlagen, die die Sonnenenergie großtechnisch nutzten. Hier wird der Wärmegehalt der Sonne verwandt. Durch die Bündelung der Sonnenstrahlen lassen sich Temperaturen von 600 °C bis 900 °C erreichen, diese liegen im Bereich konventioneller thermischer Kraftwerke! Somit ergibt sich, daß ein thermisches Solarkraftwerk "nur" ein Dampfkraftwerk ist, das die Primärenergie aus der Sonne deckt.

4.9.5.1 Die Solarfarm

Mit der Zeit haben sich zwei Typen von Solarkraftwerken herausgebildet, die Solarfarm ist die erste, die hier behandelt wird.
Der Aufbau ist einfach gehalten: zylindrische Parabolspiegel bündeln die eingestrahlte Energie auf ein Absorberrohr das sich im Brennpunkt befindet. Das Wasser wird bis auf ca. 600 °C erhitzt und einem Wärmetauscher zugeführt. Der entstehende Wasserdampf treibt einen Turbinensatz an. Um aber eine nutzbare thermische Leistung von einigen Megawatt (MW) zur Verfügung zu haben, wird eine große Fläche benötigt, die bis zu mehreren Quadratkilometern erreichen kann.

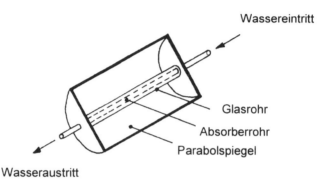

Bild 4.25: Die Abbildung zeigt einen konzentrierenden Kollektor mit zylindrischem Parabolspiegel und Absorberrohr.

4.9.5.2 Das Turmkraftwerk

Gegenüber der Solarfarm wird beim Turmkraftwerk nur an einer Stelle die Sonnenenergie gebündelt zur Dampferzeugung genutzt. Über ein Spiegelsystem wird die Sonnenenergie auf dem Dampferzeuger konzentriert, der sich auf einem Turm befindet. Aufwendig sind hier die Spiegelnachführungen, die zur besseren Ausnutzung dem Sonnenverlauf folgen müssen. Durch die Konzentration der Sonnenstrahlen lassen sich hier sogar Temperaturen bis ca. 900 °C erreichen.

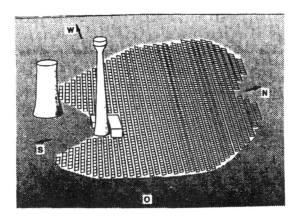

Bild 4.26: Solares Turmkraftwerk

Eines der größten Turmkraftwerke steht in den USA in der Mojave Wüste in Kalifornien. Beim Solar-One-Kraftwerk wird die Sonnenenergie über 1818 Spiegel mit je 40 Quadratmetern Fläche auf dem Dampferzeuger in 100 Metern Höhe gebündelt. Die gesamte Spiegelfläche beträgt 72.720 Quadratmeter wobei eine elektrische Leistung von maximal 10 MW elektrische Leistung erzeugt werden kann.

4.10 Windkraftwerke

Die Windkraft ist außer der Wasserkraft die älteste technische Energie zur Krafterzeugung, die sich der Mensch nutzbar machte. Noch bis Ende des letzten Jahrhunderts säumten tausende Windmühlen die norddeutschen und niederländischen Tiefebenen. Mit zunehmender Industrialisierung und der Verbreitung von Kraftmaschinen, die der Windmühle mit ihrem Leistungspotential von 20 bis 50 PS weit überlegen waren verschwanden diese aus dem Landschaftsbild. In Form von modernen Windmühlen erobern sich die Windkraftanlagen langsam aber sicher angestammtes Land zurück und so sieht man sie wieder vermehrt in der Küstenregion.
Durch moderne Windkraftanlagen versucht man einen Teil der Windenergie für die Stromversorgung nutzbar zu machen. Wirtschaftlich ist dies nach heutigem Stand nur im Küstenbereich bei einer durchschnittlichen Jahreswindgeschwindigkeit von mehr als 5 Meter pro Sekunde (m/s). Bild 4.27 zeigt eine Windkarte Deutschlands.

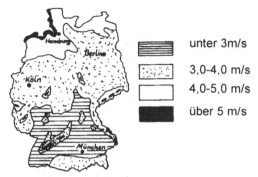

unter 3m/s

3,0-4,0 m/s

4,0-5,0 m/s

über 5 m/s

Bild 4.27: Windverteilung über Deutschland

4.10.1 Propeller-Windkraftwerk

Aus der klassischen Windmühle hat sich die horizontalachsige Maschine (Propeller-Windkraftwerk) herausgebildet, diese ist auch am weitesten verbreitet. Die gängigen Maschinen besitzen einen, zwei oder drei Rotorblätter. Der Leistungsbereich der damit abgedeckt ist, reicht von einigen Watt bis zu Großanlagen im Megawattbereich. Als sinnvollste Anlagengröße haben sich die mittleren Anlagen im Leistungsbereich von 15 bis 250 kW herauskristallisiert, da sich hier die mechanischen Probleme lösen lassen. Diese werden mittlerweile in größeren Serien gebaut.

Vorteile dieser Anlagen sind:
1) Die günstigen Baukosten durch hohe Stückzahlen und Baukastenfertigung.
2) Die hohe Windnutzung durch verstellbare Rotorblätter.
3) Die horizontalachsigen Maschinen laufen selbst an.

Nachteile dieser Anlagen sind:
1) Der Generator sitzt im drehenden Turmteil und ist damit schlecht zu warten und aufwendig zu montieren.
2) Die große Bauhöhe beeinträchtigt das Landschaftsbild ähnlich einer Hochspannungsleitung.
3) Lärmentwicklung durch die drehenden Rotorblätter.

Bild 4.28: Zweiflügler

Bild 4.29: Dreiflügler

4.10.2 Vertikal-Windkraftwerke

Zur zweiten Gruppe der Windkraftwerke zählen die Maschinen mit vertikaler Drehachse (Vertikal-Windkraftwerk). Es sind dies die Savonius-Rotoren mit zwei Schaufeln, für kleinere Leistungen im kW-Bereich und der Darrieus-Rotor mit zwei oder drei Rotorblätter und Leistungen bis in den MW-Bereich.

Windschaufeln Drehachse

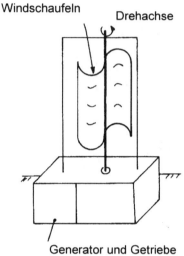

Bild: 4.30: Savonius-Anlage

Generator und Getriebe

Rotorblätter

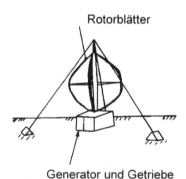

Generator und Getriebe

Bild 4.31: Darrieus-Anlage

Der Vorteil dieser Windkraftwerksform besteht darin, daß der Maschinensatz, d.h. der Generator und das Getriebe am Boden stehen und so gut zugänglich sind.

Nachteilig ist hier, daß die Rotorblätter nicht verstellt werden können und sich somit die Windnutzung verringert. Zusätzlich ist es bei der Darrieur-Anlage notwendig eine Anlaufhilfe zu geben, dieser Anlagentyp kann nicht alleine anlaufen.

4.10.3 Das Kaminkraftwerk

Das Kaminkraftwerk stellt eine Mischung zwischen Wind- und Solar-Kraftwerk dar. Die Sonne erwärmt die Luft unter einer durchsichtigen Abdeckung, diese steigt nach oben und verstärkt den Sog in einem hohen Kamin. In diesem Kamin ist ein Windrad, bzw. ein Propeller angebracht, der einen Generator zur Stromerzeugung antreibt.
In Spanien wird seit über 10 Jahren eine solche Pilotanlage unter deutscher Beteiligung mit einer elektrischen Leistung von 40 kW erfolgreich betrieben. Nachteil dieser Anlage ist wie bei allen Solar-Kraftwerken der große Flächenbedarf und die notwendige hohe Sonneneinstrahlung. Dieses System ist damit für wenig oder nicht besiedelte Wüstengebiete geeignet, wobei der Umweg über Wasserstoff als Zwischenenergie wieder sinnvoll erscheint.

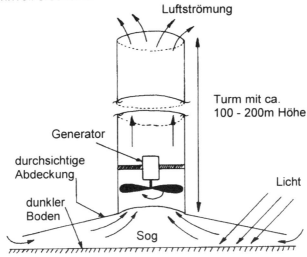

Bild 4.33: Kaminkraftwerk

4.11 Geothermische Kraftwerke

Da das Erdinnere eine sehr viel höhere Temperatur ~4000 °C) als die Erdoberfläche besitzt liegt die Überlegung nahe, diese Wärme technisch zu nutzen. Bei der Erdwärme handelt es sich um Energie, die zu 30 % aus der Entstehung der Erde und zu 70 % aus dem Zerfall radioaktiver Elemente im Gestein resultiert. In diesem Sinn stellt die Erde einen natürlichen Atomreaktor dar!
Wenn an eine technische Ausbeutung der Erdwärme gedacht ist, ergeben sich einige Schwierigkeiten:
Die Erdtemperatur nimmt etwa alle 33 Meter um ein Kelvin (1 K) zu. Die warmen Erdschichten müssen über Bohrungen erschlossen werden, wobei zur Zeit die Bohrtechnik Gesteinsschichten bis ca. 10.000 Metern erschließen kann.
Die Temperatur der zu entwärmenden Erdschicht muß für Raumheizung mindestens 65 °C und für die Elektrizitätserzeugung mindestens 150 °C betragen.
Das Tiefenwasser besitzt eine Menge von Säuren und Mineralien und ist somit sehr aggressiv. Die technischen Anlagen müssen dafür ausgelegt sein.
Das größte geothermische Kraftwerk der Erde befindet sich in *The Geysers* in Kalifornien/USA mit einer Gesamtleistung von 900 MW. Island deckt durch die geothermische Energie einen Großteil seiner Raumheizung und Prozeßwärme. Der Grund liegt hier an den vulkanischen Aktivitäten die in Island anzutreffen sind. Die heißen Gesteinschichten befinden sich nah an der Erdoberfläche oder bilden diese direkt, wie die Geisiere und heiße Quellen zeigen.
Diese Energieversorgungsmöglichkeit ist für weite Teile Mitteleuropas nicht möglich, da die heißen Gesteinnschichten sehr tief liegen (bei 150 °C ca. 5000 m) und ein entsprechender technischer Aufwand getrieben werden müßte um diese Vorkommen zu erschließen. Wo es einfach möglich ist, sollte man diese Erdenergie nutzen, wie dies in einigen Ländern der Erde bereits praktiziert wird. Allerdings wird es in absehbarer Zukunft nicht möglich sein einen größeren Teil unseres Primärenergieverbrauchs so zu decken.

4.12 Biomassen Kraftwerke

Etwa 0.1 % der Sonneneinstrahlung, das sind 20 mal der Jahresweltenergieverbrauch, wird jährlich in Biomasse umgewandelt. Unter Biomasse versteht man Hölzer, Sträuche, krautartige und landwirtschaftliche Pflanzen, Gräser, Algen und deren Reste.

Biomassen-Kraftwerke existieren seit einiger Zeit in Norwegen und Schweden, diese Anlagen werden mit Holzabfällen betrieben. Grundsätzlich stehen außer der *Verfeuerung* noch einige andere Verfahren zur Energiegewinnung zur Verfügung. Die *Pyrolyse*, die Vergasung, von Biomasse bietet sich in der Landwirtschaft zur Behandlung von Mist und Gülle an. Das dabei gewonnene Gas, größtenteils Methan, kann zur Heizung oder zum Betrieb eines Blockheizkraftwerks herangezogen werden.

Eine weitere Energieverwertung kann über das *Mahlen* bzw. *Raffinieren* erfolgen, um Pflanzenöl zu gewinnen. Einige Versuche mit Rapsöl als Treibstoff für Traktoren und PKW´s werden derzeit durchgeführt.

Ein ähnliches Verfahren zur Energieerzeugung aus Biomasse stellt die *Fermentation*, der Gärungsprozeß, dar. Die entstehenden Alkoholprodukte eignen sich ebenfalls zum Betrieb eines Blockheizkraftwerks oder als Treibstoff für Kraftfahrzeuge. Brasilien besitzt in dieser Hinsicht eine Vorreiterrolle, hier wird Zuckerrohr zu Alkohol verarbeitet, der als "Biobenzin" dient.

Eine Ausnutzung all dieser Energiequellen wird einen Beitrag zur Umweltentlastung bringen, aber es wird Öl- und Kohle in absehbarer Zeit nicht ersetzen können.

4.13 Literaturverzeichnis

/1/ Arbeitskreis Schulinformation Energie (ASE), Additive oder alternative Energiequellen? 2. Auflage, Energie-Verlag, Heidelberg

/2/ ASE, Entschwefelung von Kohlekraftwerken, Energie-Verlag, Heidelberg, 1988

/3/ ASE, Entstickung von Kohlekraftwerken, Energie-Verlag, Heidelberg 1988

/4/ Bayerisches Staatsministerium für Wirtschaft und Verkehr, Erneuerbare Energien, München, 1988

/5/ BINE, Kombination von Windenergieanlage und Dieselaggregaten zur Elektrizitätserzeugung entlegener Gebiete, Bonn, Nr. 17, November 1989

/6/ BINE, Nutzung der Windenergie in der Bundesrepublik Deutschland, Bonn, Nr. 7, Juni 1989

/7/ Heier Siegfried, Nutzung der Windenergie, Verlag TÜV-Rheinland, Köln, 1989

/8/ Köthe Hans Kurt, Stromversorgung mit Solarzellen, Franzis-Verlag, München, 1988

/9/ Lindner Helmut, Strom - Erzeugung, Verteilung und Anwendung der Elektrizität, Rowohlt Taschenbuchverlag, Hamburg, 1985

/10/ Muntwyler Urs, Praxis mit Solarzellen, 2. Auflage, Franzis-Verlag, München, 1988

/11/ Naturwissenschaft und Technik, Band 1-5, Brockhaus, Mannheim, 1989

/12/ Pinske Jürgen, Elektrische Energieerzeugung, Teubner Verlag, Stuttgart, 1981

/13/ Sandor O. Palffy, Wasserkraftanlagen, Expert Verlag, Ehningen, 1991

/14/ Schmid Jürgen, Photovoltaik, Verlag TÜV-Rheinland, Köln, 1988

/15/ Schwickardi Gerhard, Elektro-Energietechnik, Band 1, AT-Verlag, Aarau (Schweiz), 1975

5. Verteilungssysteme für elektrische Energie

Nachdem die wichtigsten Energieerzeugungsarten angesprochen wurden, soll im nachstehenden Kapitel die erzeugte Energie zum Verbraucher transportiert werden. Die Transformatoren sind bereits im ersten Kapitel behandelt worden, so daß in diesem Kapitel Netzformen, Leitungsarten und Schaltgräte behandelt werden.
Bevor die Leitungsvielfalt in einem elektrischen Netz aufgezeigt wird, soll kurz auf die verschiedenen Spannungsebenen eingegangen werden.

5.1 Spannungsebenen nach VDE

Aufgeführt werden die verschiedenen Spannungsebenen wie sie in den entsprechenden VDE-Bestimmungen wiederzufinden sind.
Die bekannteste Spannung ist die im Haushalt zur Verfügung stehende Spannung von 230/400 Volt, die zum Betrieb der elektrischen Elektrogeräte notwendig ist. Diese Spannung bezeichnet man als Niederspannung. Der Bereich erstreckt sich bis 1000 Volt.
Die nächsthöhere Spannung wird als Mittelspannung bezeichnet und dient der örtlichen Versorgung, der Spannungsbereich reicht von 1000 Volt bis ca. 30.000 Volt = 30 kV.
Darüber angeordnet ist die Hochspannung, diese Spannungsebene wird zur Versorgung regionaler Gebiete, z.B. in Regierungsbezirksgröße eingesetzt. Die Hochspannungsebene reicht etwa bis zu 110 kV.
Die Höchstspannungsebene wird zum weiträumigen Energietransport großer Leistungen eingesetzt. Die Spannung reicht von 220 kV über 380 kV bis hinauf zu 750 kV, wobei letztere in der USA Verwendung findet. In Mitteleuropa reicht die Höchstspannung für die Energieversorgung bis zu 380 kV.
Die genannten Spannungsebenen sind auf Wechsel- bzw. Drehstromnetze bezogen. Seit einigen Jahren etabliert sich aber in der Höchstspannungsebene die Hochspannungsgleichstromübertragung kurz HGÜ genannt. Gegenüber der Drehstromübertragung bieten sich einige Vorteile auf die später in diesem Kapitel noch eingegangen wird.
Um elektrische Energie transportieren zu können benötigt man Leitungssysteme. Die verschiedenen Transportmöglichkeiten werden nachfolgend dargestellt.

5.2 Freileitungen

Freileitungen sind die ältesten Energietransportsysteme und auch heute noch in allen Spannungsebenen am häufigsten verwendet. Im Niederspannungsbereich werden sie aber im zunehmenden Maße vom Kabel verdrängt. Für die Verwendung der Freileitung sprechen einige gewichtige Gründe. Allen voran, die Freileitung ist die kostengünstigste Art Energie zu transportieren. Die Netzkosten werden auf den Verbraucher umgelegt, so daß der Strompreis bei Energieversorgungsunternehmen mit vorwiegend Freileitungsversorgung billiger sein kann als bei solchen mit teuren Kabelnetzen. Die Nutzungsdauer einer Freileitung liegt etwa bei 30 Jahren, diese hängt stark von den Umwelteinflüssen ab. Bei stark aggressiver Atmosphäre wird die Lebensdauer der Aluminiumseile erheblich verkürzt.

Ein weiterer Vorteil gegenüber den Kabel, ist die hohe Überlastbarkeit von Freileitungen. Die umgebende Luft wird zur Isolation und Kühlung verwandt; werden die Leitungen wärmer wird die Luftströmung um die Leitungen schneller und die Kühlung wird intensiviert.

Ein Vor- und Nachteil zu gleich ist die Reparaturfähigkeit der Freileitungen. Bei Leitungsschäden ist das Auffinden des Schadens einfach und die Reparatur schnell erledigt. Wenn Masten in Mitleidenschaft gezogen werden ist die Reparatur aufwendig und zeitraubend.

Ein negativer Punkt der Freileitungen ist ihre Sichtbarkeit. Gerade die Hoch- und Höchstspannungsleitungen beeinträchtigen das Landschaftsbild stark. Der Eingriff durch die Trassenführung in die Umwelt darf ebenfalls nicht außer acht gelassen werden. Beeinträchtigungen der Population in der Tier- und Pflanzenwelt treten bei Trassen in wertvollen Gebieten wie Mischwäldern oder Auenlandschaften auf. Ganz gegensätzlich verhält es sich bei Trassen durch Kulturlandschaften. Trassen durch Fichtenmonokulturen bereichern die Umwelt, da hier anderer Aufwuchs Fuß fassen kann. "In einer Ackerlandschaft kann das Vorhandensein von Mastsockeln die Bildung kleiner Biotope ermöglichen, da in diesen Bereichen das Pflügen und Ernten ausbleibt". /2/.

Die obere Hälfte der nachfolgenden Seite zeigt das Hoch- und Höchstspannungsnetz in Bayern (Bild 5.1). Die unten aufgeführten Zeichnungen (Bild 5.2) zeigen einige gängige Masttypen, die in Mitteleuropa anzutreffen sind. Zu Beachten ist die Höhe der 380 kV-Masten mit 60 Meter. Zum Vergleich ausgewachsene Fichtenbäume erreichen eine Höhe von ca. 40 Metern.

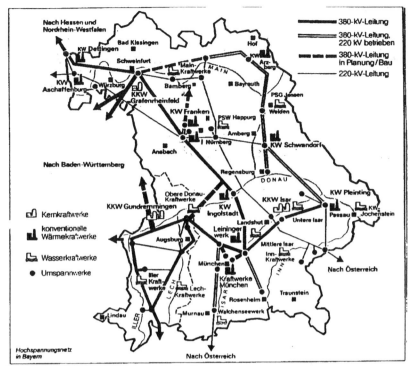

Bild 5.1: Hochspannungsnetz in Bayern

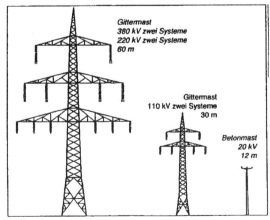

Bild 5.2: Verschiedene Masttypen

121

Bei Freileitungen fällt es gelegentlich auf, daß eine Leitung aus mehreren Einzelseiten, zwei oder vier, besteht. Grund hierfür ist der Effekt der Stromverdrängung, d.h. es wird nur die äußere dünne Schicht der Leitung zum Energietransport verwendet. Um diesen nachteiligen Effekt zu vermindern, verwendet man anstatt einer Leitung zwei oder vier elektrisch verbundene Einzelleiter. Durch die Überlagerung der einzelnen elektrischen Felder ergibt sich ein Gesamtfeld, das dem eines großen Einzelleiter ähnlich ist. Diesen Aufwand betreibt man, um die Koronalverluste zu verkleinern. Koronalverluste steigen mit der Spannung und sind Sprühverluste, die durch Absprühen einiger Elektronen von der strom- und spannungsführenden Leitung entstehen. So findet man diese Leiteranordnungen nur im Höchstspannungsnetz ab 220 kV.

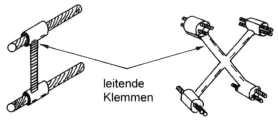

leitende
Klemmen

Bild 5.3: Zweidrahtleitung   Bild 5.4: Mehrdrahtleitung

5.3 Starkstromkabel

Starkstromkabel verdrängen im Niederspannungsbereich zunehmend die Freileitungen, und auch im Hochspannungsbereich sind sie nicht mehr wegzudenken. Der Einsatzbereich von Starkstromkabeln ist vor allem in dicht besiedelten Gebieten; Freileitungen werden in ländlichen Gebieten und bei großen Entfernungen eingesetzt.
Gegenüber der Freileitung hat das Erdkabel einige entscheidende Vorteile. Das kapazitive Verhalten des Kabels ist ein wesentlicher Vorteil. Mit ca. 90 nF pro km ist der Kapazitätsbelag des Kabels so groß, daß es ausreicht, um die induktiven Leistungen dieses Netzes zu kompensieren. Weiterhin ist die Betriebssicherheit und die Nutzungsdauer von mindestens 40 Jahren höher als bei Freileitungen deren Lebensdauer ca. 30 Jahre ist.
Wesentlicher Nachteil der Kabel gegenüber Freileitungen sind die hohen Kosten. Ein Kabelnetz ist etwa zehnmal so teuer wie ein gleichwertiges Freileitungsnetz. Hinzu kommt noch, daß Kabelnetze nicht überlastbar sind. Für Hochspannungskabel werden ab 110 kV Öldruckkabel eingesetzt. Bei Kabelschäden besteht somit die Gefahr, Erdreich oder

das Grundwasser mit diesem Öl zu verunreinigen. Ein nicht sofort augenscheinlicher Nachteil ist das Austrocknen des Erdreichs durch leistungsstarke Hoch- und Mittelspannungskabel. Alle Leitungen und Transportsysteme weisen Verluste auf, so auch das Erdkabel. Der Energieverlust bei der Energieübertragung schlägt mit etwa 3-5 % zu Buche. Diese Verlustwärme reicht aus, um die Austrocknung des Bodens in Kabelnähe zu beschleunigen, so daß die Vegetation hier in Mitleidenschaft gezogen werden kann.

5.3.1 Arten von Starkstromkabeln

5.3.1.1 Kunststoffkabel

Kunststoffkabel werden am häufigsten im Nieder- und Mittelspannungsbereich bis ca. 30 kV eingesetzt. Ab 0.6/1 kV haben Kunststoffkabel Metallabschirmungen.

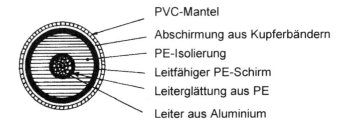

PVC-Mantel

Abschirmung aus Kupferbändern

PE-Isolierung

Leitfähiger PE-Schirm

Leiterglättung aus PE

Leiter aus Aluminium

Bild 5.5: Schnitt durch ein Kunststoffkabel

5.3.1.2 Ölkabel

Ölkabel werden in Hochspannungsanlagen von etwa 110 bis 380 kV verwandt. Bei den verwendeten Öldruckkabeln ist die Umweltgefährdung durch Leckagen zu berücksichtigen. Das Öl wird durch die Leitung gepumpt und erfüllt zwei Aufgaben, zum einen dient es als Kühlmittel und zum andern als Isolation.

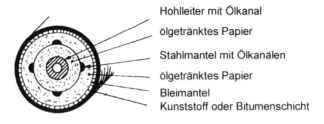

Hohlleiter mit Ölkanal

ölgetränktes Papier

Stahlmantel mit Ölkanälen

ölgetränktes Papier

Bleimantel

Kunststoff oder Bitumenschicht

Bild 5.6: Schnitt durch ein Ölkabel

5.3.1.3 Gaskabel

Der Aufbau ist ähnlich wie beim Ölkabel, anstatt von Öl wird hier meist Stickstoff (N_2) eingesetzt. Verwendung finden diese Kabel im Hochspannungsbereich bis ca. 220 kV. Eine besondere Art von Gaskabel ist das SF_6-Kabel (SF_6 = Schwefelhexaflurid). Schwefelhexaflurid ist ein ausgezeichnetes Isoliergas und wird nicht nur für Kabelisolation verwendet, es wird auch im Hochspannungsschalterbau als Lösch- und Isoliergas eingesetzt. Die Isolierfähigkeit ist dreimal so groß wie die von Luft. SF_6-Kabel werden bis zu 380 kV eingesetzt, wobei sich Prototypen in der Erprobung für 750 kV-Kabel befinden.

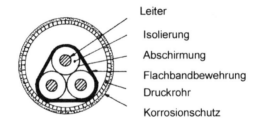

Leiter

Isolierung

Abschirmung

Flachbandbewehrung

Druckrohr

Korrosionschutz

Bild 5.7: Schnitt durch ein Gaskabel

5.3.2 Zukunftsaussichten

Der Einsatz von Tieftemperaturkabeln, die mit flüssigem Stickstoff (Temperatur liegt bei 80 K = - 193 °C) gekühlt und isoliert werden, steht in naher Zukunft an. Diese Kabelart hat den Vorteil, die Verluste stark zu verringern, und somit die übertragbare Leistung im Gegensatz zu gewöhnlichen Kabeln zu erhöhen. Durch die niedrige Temperatur wird der ohmsche Widerstand des Kabels klein, so daß die ohmschen Ver-

luste annähernd Null werden. Demgegenüber stehen aber sehr hohe Investitions- und Betriebskosten und bei einem eventuellen Ausfall der Leitung durch einen Fehler sehr lange Reperaturzeiten von einigen Monaten, da die Leitung zuerst "aufgetaut" und dann wieder "eingefroren" werden muß.
Ziel aller Forschungen in diesem Bereich ist das supraleitende Kabel. Unter Supraleitung versteht man die verlustlose Übertragung von Energie, da die Atomschwingungen der Leitungsatome aufgehört haben und die Elektronen leichter fließen können. Bei Metallen ist die Supraleitung etwa bei 4 K (-269 °C) anzutreffen. Durch Forschungen auf diesem Gebiet und der Verwendung von Keramikstoffen ist es gelungen die supraleitende Temperatur auf 130 K (-143 °C) anzuheben. Bis dies in der Energietechnik allerdings zu verwendbaren Energieübertragungssystemen führt, werden sicher noch einige Jahre vergehen.

5.4 Netzformen

Je nach Versorgungsgebiet lassen sich verschiedene Netzformen klassifizieren. Das erste Netz das besprochen wird ist das Strahlnetz.

5.4.1 Das Strahlnetz

Dieses ist das älteste Energieversorgungskonzept: Von einer Versorgungsstelle werden die Verbraucher strahlförmig mit Leitungen angebunden und mit Energie versorgt.

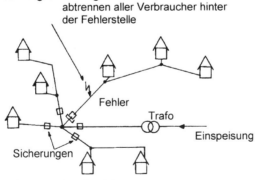

Bild 5.8: Leitungsführung im Strahlnetz

Bei diesem Netztyp handelt es sich um ein offenes Netz mit einseitiger Einspeisung. Der große Vorteil des Strahlnetzes ist der einfache Aufbau und damit die kostengünstige Erstellung. Man erkauft sich aber auch Nachteile. Bei einem Leitungsfehler werden alle Verbraucher hinter der schadhaften Stelle von der Energieversorgung abgetrennt. Zum Leitungsende hin tritt ein großer Spannungsabfall, bedingt durch die Netzart, auf. Verwendet wird das Strahlnetz zur Versorgung von ländlichen Gebieten mit einer geringen Siedlungsdichte.

5.4.2 Das Ringnetz

Bei dichterer Besiedelung wird das Ringnetz verwandt, es bietet eine höhere Versorgungssicherheit für die Verbraucher.

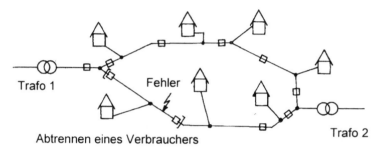

Bild 5.9: Leitungsführung im Ringnetz

Das Ringnetz wird als geschlossenes Netz bezeichnet und besitzt zwei oder mehr Einspeisepunkte. Für die Verbraucher ist die Energieversorgung zuverlässiger, da im Fehlerfall durch geeignete Leitungstrennung nur der schadhafte Leitungsteil abgeschaltet werden muß. Strukturbedingt ist der Spannungsabfall durch mehrere Einspeisepunkte geringer als im Strahlnetz. Mehr Leitungen und mehrere Einspeisepunkte mit Transformatoren haben natürlich ihren Preis, so ist das Ringnetz kostenintensiver in der Erstellung sowie auch in der Unterhaltung und Überwachung. Diese Netzform wird heutzutage meist in der Energieversorgung eingesetzt.

5.4.3 Maschennetz

Für sehr dichtbesiedelte Gebiete mit hoher Energieabnahme wie Stadtzentren wird ein Maschennetz verwandt.
Das Maschennetz ist ein mehrfach geschlossenes Energieversorgungsnetz mit mehreren Einspeisepunkten. Die zuverlässigste Ener-

126

gieversorgung mit den kleinsten Spannungsabfällen hat auch ihren Preis, es ist die teuerste Energieversorgungsart. Durch den vermaschten Aufbau ist eine Erweiterung und Einfügung zusätzlicher Einspeisepunkte einfach möglich. Zu den sehr hohen Anlagekosten kommen noch die hohen Erhaltungs- und Überwachungskosten verglichen mit Strahl- und Ringnetz. Ein Gesichtspunkt tritt hier auf, der bei den einfacheren Strahl- und Ringnetz nur eine untergeordnete Rolle spielt, der Kurzschlußstrom im Fehlerfall. Durch die Vielzahl der Einspeisepunkte erhöht sich der Kurzschlußstrom, so daß alle Leitungsbauteile dafür ausgelegt sein müssen, dies stellt einen nicht unerheblichen Kostenfaktor dar! Schwierig ist auch die Fehlersuche bei Erdschlüssen, da viele Leitungszweige parallel geschalten sind.

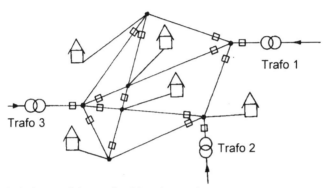

Bild 5.10: Leitungsführung im Maschennetz

Mit Transformatoren und Leitungen läßt sich noch keine sinnvolle Energieversorgung aufbauen, unbedingt notwendig sind dafür noch Schaltgeräte.

5.5 Elektrische Schaltgeräte

Im nachfolgenden Kapitel werden nur Schaltgeräte für den Leitungsbau in der Energieversorgung aufgezeigt. Die hierfür geltenden VDE-Bestimmungen sind:

VDE 0660: Niederspannungsschaltgeräte für effektive Wechselspannungen $U\sim$ < 1000 V und Gleichspannungen U_- < 3000 V

VDE 0670: Hochspannungsschaltgeräte für effektive Wechselspannungen $U\sim$ > 1000 V und Gleichspannungen U_- > 3000 V

Beim Schalten unter Last treten Lichtbögen auf. Dieser Effekt ist von der Betätigung eines gewöhnlichen Lichtschalters her bekannt. Beim Ausschalten z.b. einer Glühlampe entsteht ein kleiner sichtbarer Funke durch die Trennung des Stromflusses. Die Funkengröße und -länge hängt von der Spannung und vom Stromfluß ab. Bei Hochspannungsschaltgeräten wird aus dem kleinen Funken ein Lichtbogen, ähnlich dem eines Blitzes. Durch die Hitze des Lichtbogens entsteht ein elektrisch leitendes Plasma und der Strom fließt über dieses Plasma weiter. Man sieht, um Hochspannung unter Last oder im Störungsfall auszuschalten muß der Hochspannungsschalter den entstehenden Lichtbogen löschen können und dafür ist er mit besonderen Löscheinrichtungen versehen.

In der Energietechnik werden verschiedene Schalterarten je nach deren Verwendung eingesetzt. Diese Schalter lassen sich in drei Klassen einteilen.

5.5.1 Trennschalter

Trennschalter sind die am einfachsten aufgebauten Hochspannungsschalter. Besondere Kennzeichen dieses Schaltertyps sind die fehlenden Lichtbogenlöscheinrichtungen und die sichtbare Trennstrecke zum Schutz des Personals.

Eingesetzt wird der Trennschalter, um stromlose Hochspannungsleitungen sichtbar zu trennen und damit Spannungsfreiheit herzustellen. Besonders zu Beachten ist, daß Trennschalter nie unter Last geschaltet werden dürfen, da durch die fehlenden Lichtbogenlöscheinrichtungen der Trennschalter durch die thermische Belastung des Lichtbogens zerstört werden würde.

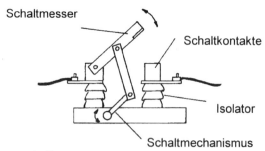

Bild 5.11: Trennschalter

5.5.2 Lastschalter

Lastschalter besitzen Lichtbogenlöscheinrichtungen und können Hochspannungsstromkreise im ungestörten Betrieb, bei Belastungen bis zur Nennlast, sicher abschalten. Diese Schalterart wird zur Leitungsbelegung im täglichen Netzführungsbetrieb eingesetzt, da diese Schalter kostengünstiger sind als Leistungsschalter (Kap. 5.5.3). Durch die einfacheren Lichtbogenlöscheinrichtungen ist es nicht möglich eine Hochspannungsleitung bei Kurzschluß sicher abzuschalten.

5.5.3 Leistungsschalter

Leistungsschalter sind die teuersten und aufwendigsten Hochspannungsschalter. Sie besitzen ausgeklügelte Lichtbogenlöscheinrichtungen, um alle auftretenden Fehler sicher abschalten zu können. Sie nehmen die Aufgaben einer Sicherungseinrichtung war. Es ist möglich Hochspannungsleitungen im gestörten und ungestörten Betrieb zu schalten. Der schlimmste Fehler der dreipolige Kurzschluß muß sicher geschaltet werden können, so gibt es Leistungsschalter, die bis zu 500 kA Stromschaltvermögen besitzen.

Bild 5.12: Leistungsschalter

5.5.4 Lasttrenn- und Leistungstrennschalter

Gewöhnlich besitzen Last- und Leistungsschalter keine sichtbaren Trennstrecken. Bei Lasttrenn- und Leistungstrennschaltern wird diese zusätzlich mit integriert, um dem Personenschutz Rechnung zu tragen, wobei die Anforderungen (siehe 5.5.2 und 5.5.3) an die Schalter erhalten bleiben. Verwendet wird diese kostengünstige Fusion zwischen

Trennschalter und Last- oder Leistungsschalter vorwiegend im Mittelspannungsbereich. Beispielhaft zeigt das unten stehende Bild den Aufbau eines Lasttrennschalters nach dem Hartgasprinzip. Bei dieser Schalterkonfiguration wird der Lichtbogen durch Gas gelöscht, das die Kunststoffschalen bei Lichtbogeneinwirkung abgeben.

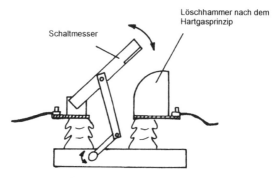

Bild 5.13: Lasttrennschalter

5.5.5 Aufbau von Leistungsschaltern

Zwei Prinzipien haben sich auf dem Leistungsschaltersektor durchgesetzt. Als erstes wird kurz auf ölarme Strömungsschalter eingegangen. Das Prinzip ist denkbar einfach. Die durch den Schaltlichtbogen entstehende Hitze verdampft einen Teil des Öls. Durch die Volumenvergrößerung des verdampfenden Öls entsteht eine starke Strömung die den Lichtbogen löscht. Anstatt von Öl kann bei diesem Prinzip auch SF_6 (Schwefelhexaflorid) eingesetzt werden, hierbei handelt es sich um ein Isolierglas.

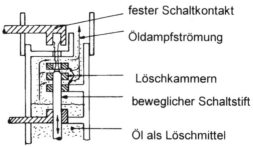

Bild 5.14: Funktionsprinzip eines ölarmen Leistungsschalters

Die zweite Variante arbeitet nach einem ähnlichen Prinzip, der Druck-gasschalter. Hier wird die von einer zentralen Druckluftanlage erzeugte Druckluft zur Lichtbogenlöschung und zur Schalterbestätigung einge-setzt.

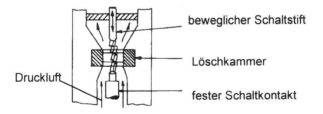

Bild 5.15: Funktionsprinzip eines Druckgasschalters

Zum Abschluß dieses Kapitels wird auf die Kompensation eingegangen, die im Energieversorgungsbereich und in der energetischen Be-triebsführung eine wichtige Rolle einnimmt, da auch Blindleistung Ko-sten verursacht.

5.6 Kompensation in elektrischen Netzen

Im allgemeinen versteht man in der Elektrotechnik unter dem Begriff "Kompensation" die Verbesserung des Leistungsfaktors, der durch ka-pazitive oder induktive Blindleistungen von der reinen Wirkleistung ab-weicht.
Es stellt sich die Frage, warum überhaupt kompensiert wird, da es bei erster Betrachtung nur zusätzliche Kosten für die Kompensationsanlage nach sich zieht und keinen Einfluß auf die Funktion der elektrischen Anlage selbst hat. Bei genauerer Betrachtung der elektrischen Energie-versorgungsanlagen stellt man fest, daß diese für die Scheinleistungen ausgelegt werden müssen. Darüber hinaus ergeben sich die Leitungs-verluste aus dem Betrag des Gesamtstroms ($P_V \sim I^2$; $I^2 = I^2_W + I^2_{BL}$).
Die Energieversorgungsunternehmen haben somit ein reges Interesse daran, den Leistungsfaktor in die Nähe der reinen Wirkleistung zu brin-gen ($\cos \varphi = 1$), um die Leitungsverluste so niedrig wie möglich zu halten. Die gesamten Leitungsverluste betragen ca. 3% bis 5% der Energieerzeugung, ausgehend von einem Leistungspreis von 17 Pf/kWh, ergibt sich ein Einnahmeverlust in Westdeutschland von ca. 15 Milliarden DM (Stand 1992). Aus diesem Grund resultierten die Vorschriften für die Kompensation bei Großabnehmern. Der geforderte Leistungsfaktor liegt bei $\cos \varphi = 0.9$. In Ortsnetzen üblich ist etwa ein

Leistungsfaktor von cos φ = 0.93. Im Gegensatz zum normalen Haushalt, bei dem nur die Wirkleistung berechnet wird, haben Großabnehmer Blindleistungsmeßeinrichtungen und müssen diese Blindleistung auch bezahlen. So ergibt sich, daß sowohl Großabnehmer als auch Energieversorger ein Interesse daran haben, die übertragene Blindleistung möglichst gering zu halten.
Überwiegend wird durch Elektromotoren, Transformatoren und Spulen aller Art induktive Blindleistung erzeugt, diese gilt es zu kompensieren.
Im Wesentlichen gibt es zwei Möglichkeiten einen induktiven Leistungsfaktor zu verbessern:
1) durch Zuschalten von Kapazitäten;
2) durch umlaufende Phasenschieber (Synchronmotoren)

5.6.1 Kompensation mit Kapazitäten

Die gängigste und auch preiswerteste Variante, ist das Zuschalten von Kapazitäten (Kondensatoren). Blindleistungskompensation mit Kondensatoren wird im Nieder- und Mittelspannungsbereich durchgeführt. Die Kondensatorbatterien werden automatisch zu- und abgeschalten, um den geforderten Leistungsfaktor zu halten.

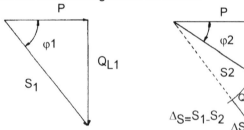

Bild 5.16: Das Leistungsdreieck   Bild 5.17: Kompensation im
                                                              Leistungsdreieck

Aus dem formelmäßigen Zusammenhang läßt sich eine Größe zwischen der Wirkleistung und der Kapazitätsleistung einführen, der sogenannte Kompensationsfaktor k. Für den Kompensationsfaktor sind in der Fachliteratur Tabellen /6/ enthalten.

$$Q_{L1} = P * \tan \varphi_1 \qquad (5.1)$$

$$Q_{L1} - Q_C = P * \tan \varphi_2 => \qquad Q_C = P * (\tan \varphi_1 - \tan \varphi_2)$$

$$Q_C = P * \qquad k \qquad (5.2)$$

132

Die eingesparte Scheinleistung ergibt sich zu:

$$\Delta S = S_1 - S_2 = \frac{P}{\cos\varphi_1} - \frac{P}{\cos\varphi_2} \qquad (5.3)$$

Aus der kapazitiven Blindleistung läßt sich nun die Kapazitätsgröße einfach bestimmen. Für Einphasenkompensation ergibt sich:

$$Q_C = \frac{U^2}{X_C}; \;=> C = \frac{Q_C}{U^2 * \omega} \qquad (5.4)$$

Bei der häufigeren Drehstromkompensation wird die obige Formel lediglich um den Faktor 3 im Nenner erweitert.

$$C_\lambda = \frac{Q_C}{3 * U^2_{Strang} * \omega} \quad (5.5); \qquad C_\Delta = \frac{C\lambda}{3}; \qquad da \qquad U = \sqrt{3} * U_{Strang}$$

Ein Beispiel soll die Berechnung einer Kompensationsanlage verdeutlichen. Berechnet werden soll die Kompensationsanlage einer Leuchtstofflampenanlage mit der Leistung von 7.5 kW und dem Leistungsfaktor von 0.5. Dieser soll auf einen vorschriftsmäßigen Leistungsfaktor von 0.9 erhöht werden. Die Betriebsspannung der Leuchtstofflampen beträgt 400 Volt. Es soll die kapazitive Blindleistung und die Kapazitätsgröße berechnet werden.

Geg: P = 7.5 kW; cos φ_1 = 0.5; cos φ_2 = 0.9; U = 400 V
Ges.: kapazitive Blindleistung Q_C; ein Sternkondensator C
Rechnung: Aus einer Tabelle ergibt sich für k = 1.25

$$Q_C = P * k = 7.5 \text{ kW} * 1.25 = 9.375 \text{ kVA}$$

$$C = \frac{Q_C}{3 * U^2_{Strang} * \omega} = \frac{9375 \quad VA}{3 * (230V)^2 * 314 \; 1/s} = 188 \; \mu F$$

Ein Sternkondensator muß 188 µF aufweisen um den geforderten Leistungsfaktor zu erreichen.
Die Abschätzung von Kompensationsanlagen ist durch das Zusammenfassen der Formeln zu zwei Faustformeln vereinfacht, wobei die üblichen Betriebsspannungen (230 Volt) und Frequenzen (50 Hz) berücksichtigt sind. Die Blindleistung muß in kVA eingesetzt werden und das Ergebnis des Kompensationskapazität ergibt sich in µF.
Faustformel:
U = 230 V / f = 50 Hz   C (µF) = 60 * Q (kVA)   (5.6)
U = 400 V/230 V / f = 50 Hz   Cλ (µF) = 20 * Q (kVA)   (5.7)

Bei ausgedehnten Niederspannungsnetzen ist oft eine Kompensation nicht mehr nötig, da die Kabelkapazitäten mit etwa 90 nF/km ausreichen, um einen vorschriftsmäßigen Leistungsfaktor zu erreichen. Zweckmäßig ist in jedem Fall zur Planungsunterstützung eine Meßreihe über einen längeren Zeitraum durchzuführen um ein Blindleistungsdiagramm zu erhalten und die Kompensationsanlage danach dimensionieren zu können.

5.6.2 Umlaufende Phasenschieber

Synchronmotoren werden ebenfalls zur Kompensation eingesetzt (vergl. Kap. 5.4 Wechselstrommotoren). Vorwiegend kommt diese Kompensationsart im Mittelspannungsbereich bei älteren Anlagen zum Einsatz.

5.7 Literaturverzeichnis

/1/ AEG-Hilfsbuch, Teil 2, 1971

/2/ BINE-Informationsdienst, Raumbelastung durch Hochspannungsleitungen, Bonn, Nr. 12, November 1990

/3/ Fachkenntnis Elektrotechnik - Energietechnik, 2. Auflage, Verlag Handwerk und Technik, Hamburg 1979

/4/ Naturwissenschaft und Technik, Band 1-5, Verlag Brockhaus, Mannheim 1989

/5/ Schwickardi Gerhard, Elektro-Energietechnik, Band 2, AT-Verlag, Aargau (Schweiz), 1979

/6/ Tabellenbuch Elektrotechnik, 13. Auflage, Europa-Lehrmittel-Verlag, Wuppertal, 1989

6 Licht- und Beleuchtungstechnik

6.1 Physikalische Grundlagen

Aus dem gesamten Bereich der elektromagnetischen Wellen kann unser menschliches Auge nur einen kleinen Teil des Spektrums wahrnehmen, diesen Bereich bezeichnen wir als sichtbares Licht. Die wahrnehmbare Wellenlänge reicht von 380 nm (violett) bis 750 nm (rot). Die Ausbreitungsgeschwindigkeit ist wie bei allen elektromagnetischen Wellen die Lichtgeschwindigkeit C_0 = 299.792.456 +/- 1,1 m/s), wobei in der Technik die Näherung mit C_0 = 3 * 10^8 m/s ausreicht.
Bevor wir die verschiedenen Leuchtmittel vergleichen können sind noch einige physikalische Größen der Licht- und Beleuchtungstechnik zu behandeln.

6.1.1 Der Lichtstrom

Der Lichtstrom ist die gesamte von einer Lichtquelle nach allen Seiten angestrahlte Lichtleistung.

Formelbuchstabe: Φ Einheit: 1 lm/(Lumen)

6.1.2 Die Bleuchtungsstärke

Die Beleuchtungsstärke ist der Quotient aus dem auf eine Fläche auftreffenden Lichtstrom und der beleuchteten Fläche.

Formelbuchstabe: E   Einheit 1 lx (Lux) = 1 lm/m²

$$E = \Phi/A \qquad\qquad (6.1)$$

In der DIN 5035 Teil 2 ist die Beleuchtungsstärke für Arbeitsstätten im Innenraum festgelegt. Nachfolgend sind einige Beispiele aufgeführt.

Kantinenraum	200 lx
Büroraum	500 lx
Meßplatz	750 lx

136

6.1.3 Die Lichtausbeute

Die Lichtausbeute ist eine der wichtigsten Größen in der Lichttechnik, da diese ein Maß für die Umwandlung von elektrischer in Lichtleistung darstellt.

Formelbuchstabe: η Einheit: 1 lm/W

$$\eta = \Phi / P_{elektrisch} \qquad (6.2)$$

Als Beispiele sind die gebräuchlichsten Leuchtmittel aufgeführt.

Glühlampe	~ 15 lm/W
Halogenlampe	~ 33 lm/W
Leuchtstofflampe	~ 60 lm/W

6.1.4 Der Beleuchtungswirkungsgrad

Der Beleuchtungswirkungsgrad ist das Verhältnis des tatsächlich zur Beleuchtung zur Verfügung stehenden Nutzlichtstroms und dem von der Lichtquelle insgesamt erzeugten Lichtstroms.

Formelbuchstabe: η_B Einheit: dimensionslos

Der Beleuchtungswirkungsgrad ist stark von der Leuchtenbauweise, und der Raumgestaltung abhängig, somit setzt sich der Beleuchtungswirkungsgrad aus diesen Einzelkomponenten zusammen.

$$\eta_B = \Phi_{Nutz} / \Phi_{Ges} \qquad (6.3)$$

Der Raumwirkungsgrad setzt sich aus den geometrischen Abmessungen des Raumes, die durch den Raumkoeffizienten k repräsentiert werden und dem Reflexionsgrad der Wände, der Decke und des Bodens zusammen, wobei die Beleuchtungsart (direkt oder indirekt) noch zusätzlich zu berücksichtigen ist.

Raumkoeffizient

$$k = (a*b)/(h*(a+b)) \qquad a = \text{Raumbreite} \qquad (6.4)$$
$$b = \text{Raumlänge}$$
$$h = \text{Leuchtenhöhe über der Nutzfläche}$$

Reflexionsgrad

Der Reflexionsgrad hängt im wesentlichen von der Farbe und der Oberflächenbeschaffenheit ab. Einige typische Reflexionsgrade sind nachfolgend aufgeführt.

Farben:	weiß	~0.80	Material:	Alu, matt	~0.55
	schwarz	~0.05		Beton	~0.30

hellrot ~0.40	Spiegelglas	~0.85
hellgrün ~0.55	helles Holz	~0.40
hellblau ~0.50	Teerdecke	~0.10

Mit dem berechneten Raumkoeffizienten und den Reflexionsgraden läßt sich der Raumwirkungsgrad aus der nachstehenden Tabelle entnehmen, die abgedruckte Tabelle ist ein Auszug aus einem Tabellenbuch, dort findet man ausführlichere Tabellen. Der Tabellenauszug soll nur einen Einblick in die Verfahrensweise und die Größenanordnungen geben.
Zwischenwerte die sich bei der Berechnung des Raumindexes k ergeben können werden durch geradlinige Interpolation gebildet.

Tabelle: Raumwirkungsgrad

Raumgestaltung	Raumindex	Beleuchtungsart		
	k	direkt	gleich-förmig	indirekt
Decke hell	0.6	0.4	0.25	0.14
= 0.8	0.8	0.51	0.35	0.23
	1.0	0.59	0.43	0.30
Wände mittelhell	1.25	0.67	0.49	0.37
= 0.5	1.5	0.76	0.55	0.43
	2.0	0.87	0.66	0.53
Boden mittelhell	2.5	0.93	0.71	0.61
= 0.3	3.0	0.98	0.77	0.66
	4.0	1.05	0.84	0.73
	5.0	1.09	0.90	0.79
Decke mittelhell	0.6	0.34	0.19	0.07
= 0.5	0.8	0.43	0.25	0.10
	1.0	0.51	0.31	0.13
Wände dunkel	1.25	0.58	0.35	0.17
= 0.3	1.5	0.64	0.40	0.20
	2.0	0.72	0.46	0.25
Boden dunkel	2.5	0.77	0.50	0.29
= 0.3	3.0	0.81	0.53	0.32
	4.0	0.87	0.59	0.36
	5.0	0.92	0.63	0.40

Seit der Erfindung der Glühlampe durch H. Göbel 1854 und der technischen Weiterentwicklung der Erfindung durch T. A. Edison 1878 hat es auch auf dem Gebiet der Lichttechnik eine schwungvolle Entwicklung gegeben. In diesem Kapitel sollen nur die drei gebräuchlichsten

Leuchtmittel vorgestellt werden, da eine umfassende Darstellung aller Leuchtmittel den Rahmen sprengen würde.

6.2 Die Glühlampe

Die herkömmliche Glühlampe ist das am weitesten verbreitete Leuchtmittel, da es in der Anschaffung am preiswertesten ist und es für jeden Zweck und Geschmack eine passende Leuchte gibt. Weitere Gründe für die Verbreitung sind die einfache Steuerung der Helligkeit und die leichte, kleine bzw. den technischen Anforderungen anpassungsfähige Bauweise.
Allerdings besitzt die Glühlampe auch einige negative Eigenschaften. Der schwerwiegendste Nachteil gegenüber der Leuchtstofflampe ist die geringe Lichtausbeute von ca. 15 lm/W. Leuchtstofflampen erreichen die vierfache Lichtausbeute und sind heute in vielen Variationen erhältlich, so ist es nicht verwunderlich, daß die Glühlampe im zunehmenden Maße von der Leuchtstoffröhre, bzw. Energiesparlampe verdrängt wird.
Eine Wirtschaftlichkeitsberechnung über die Lebensdauer einer Leuchtstoffröhre verdeutlicht dies. Die 60 Watt-Glühlampe besitzt den gleichen Lichtstrom wie eine 11 Watt-Energiesparlampe, beide Leuchtmittel erzeugen also die gleiche Helligkeit. Die Energiesparlampe ist eine Form der Leuchtstofflampen.

60 Watt-Glühlampe
Lebensdauer ca. 1000 h, d.h. es sind 8 Glühlampen erforderlich, um auf die Lebensdauer der Energiesparlampe zu kommen. Als Durchschnittspreis für eine Glühlampe wird 1.50 DM angenommen. Die Stromkosten werden mit 0.25 DM/kWh beziffert.
Anschaffungs-

kosten:	8 * 1.50 DM	=	12.- DM
Stromkosten:	8000 h * 0.06 kW * 0.25 DM/kWh	=	120.- DM
Gesamtkosten:		=	132.- DM

11 Watt-Energiesparlampe
Lebensdauer ca. 8000 h, der Durchschnittspreis der Energiesparlampe wird mit 40.- DM angenommen.

Leuchtmittel-

kosten:		=	40.- DM
Stromkosten:	8000 h * 0.011 kW * 0.25 DM/kWh	=	22.- DM
Gesamtkosten:		=	62.- DM

Die Energiesparlampe spart 70.- DM gegenüber der Glühlampe bei gleicher Helligkeit ein.

Einige weitere Mängel der Glühlampe sind die abnehmende Lichtausbeute über die Lebensdauer, da sich der langsam verdampfende Wolframglühdraht an der Innenwand des Glaskolbens niederschlägt. Unangenehm ist auch die starke Wärmeentwicklung von Glühlampen, besonders bei empfindlichen Lampenkonstruktionen findet man immer eine maximale Lampenleistung, die verwendet werden darf, um Wärmeschäden zu vermeiden, wie dies z.B. bei Schreibtischlampen üblich ist. Dort findet man z.B. die Angabe "max. 60 Watt", d.h. bei dieser Schreibtischlampe darf maximal eine 60 Watt Glühlampe eingeschraubt werden, da die verwendeten Materialien nur die Wärmeentwicklung einer 60 Watt Glühlampe vertragen.

Der Aufbau einer Glühlampe ist sehr einfach gehalten. Ein Glühdraht aus Wolfram wird in einem gasgefüllten Zylinder eingebracht. Als Gasfüllung wird Stickstoff oder ein Edelgas z.B. Krypton verwandt. Das Gas verhindert die Verbrennung des weißglühenden Wolframdrahtes, der bei 0.02 mm Durchmesser eine Temperatur von ca. 2500 °C erreicht.

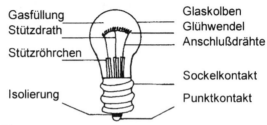

Gasfüllung
Stützdrath
Stützröhrchen
Isolierung

Glaskolben
Glühwendel
Anschlußdrähte
Sockelkontakt
Punktkontakt

Bild 6.1: Glühlampe

6.3 Die Halogenlampe

Die ersten Halogenlampen wurden 1958 hergestellt und verdrängten sehr schnell die Glühlampe im Kraftfahrzeugbereich. Der gravierende Unterschied zur herkömmlichen Glühlampe, ist die Gasfüllung mit einer Bromverbindung, diese ermöglicht einen Wolframkreislauf und damit eine höhere Betriebstemperatur.

Die Halogenlampen haben somit eine größere Lichtausbeute, die bis ca. 33 lm reicht. Der zweite Effekt des Wolframkreislaufs ist eine Lebensdauererhöhung auf ca. 2000 h. Der dritte Vorteil der durch den Kreisprozeß bedingt ist, der Glaskolben schwärzt sich nicht, so daß die Lichtausbeute über die gesamte Lebensdauer konstant bleibt.

Nachteil ist der höhere Anschaffungspreis gegenüber der Glühlampe und es ist ein Vorschaltgerät, meist ein Transformator, bei Betrieb an 220 V~ erforderlich, da Halogenlampen nur mit niedrigen Spannungen (z.B. 12 Volt) betrieben werden können.

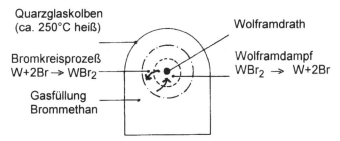

Quarzglaskolben
(ca. 250°C heiß)

Bromkreisprozeß
W+2Br → WBr$_2$

Gasfüllung
Brommethan

Wolframdrath

Wolframdampf
WBr$_2$ → W+2Br

Bild 6.2: Funktion der Halogenlampe

6.4 Die Leuchtstofflampe

Die Erzeugung des Lichts erfolgt hier durch Gasionisation im Gegensatz zu den Glühlampen, die das thermische Glühen von Metallen nutzen. Die Leuchtstofflampe ist mit zwei Gasarten gefüllt. Quecksilberdampf dient zur Lichterzeugung, wobei in erster Linie ultraviolettes Licht mit 253.7 nm erzeugt wird. Das UV-Licht wird durch die Leuchtschicht in sichtbares Licht umgewandelt. Die Leuchtschicht ist z.B. aus Calciumhalophosphat aufgebaut.

Argon ist das zweite Gas (die Bezeichnung Neonröhre ist also falsch), dieses erfüllt den gleichen Zweck wie das Füllgas bei den Glühlampen, es verhindert das Verbrennen der beiden Heizwendeln, die für die Elektronenemission verantwortlich sind. Zudem besitzt Argon keine allzugroße Durchschlagsfestigkeit, die beim Zünden überwunden werden muß.

Die beiden großen Vorteile der Leuchtstofflampe gegenüber den Glühlampen belegen nochmals den Anspruch dieser, das Leuchtmittel Nummer 1 zu sein. Der erste Vorteil ist die hohe Lebensdauer von ca. 6000 h bis 8000 h. Der zweite Vorteil ist die hohe Lichtausbeute, die bei ca. 60 lm/W liegt, wobei sie über die gesamte Lebensdauer annähernd konstant bleibt.

Die negativen Punkte lassen sich schnell aufzählen. Die teure Anschaffung verhinderte bisher den Siegeszug der Leuchtstofflampe, aber die Gesamtkosten über die Nutzungsdauer sind niedriger als bei der Glühlampe (siehe Wirtschaftlichkeitsberechnung Kap. 6.2). Das Manko liegt in der Entsorgung der verbrauchten Leuchtstofflampen, diese müssen aufgrund der Gasfüllung und der Leuchtschicht als Sondermüll behandelt werden.

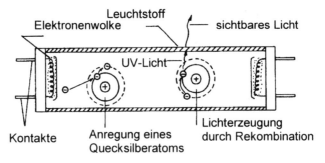

Bild 6.3: Funktion der Leuchtstoffröhre

Die Energiesparlampen sind eine Art der Leuchtstofflampen. Die Leistungen reichen von 7 Watt, das entspricht einer 40 Watt Glühlampe bis zu 20 Watt, diese Energiesparlampe besitzt die gleiche Helligkeit, wie eine 100 Watt Glühlampe. Ein zusätzlicher Vorteil dieser Lampen, ist die Schaltfestigkeit mit ca. 500.000 Schaltzyklen gegenüber den herkömmlichen Leuchtstofflampen. Negativ ist die Entsorgung als Sondermüll, wobei hier meist Elektronik und Leuchtmittel eine Einheit bilden und als Ganzes zu entsorgen ist. Vorteilhaft sind hier die Energiesparlampen mit wechselbarem Leuchtenteil, die Elektronik kann wieder benutzt werden.

6.5 Vor- und Nachteile der verschiedenen Leuchtmittel

Die nachfolgende Tabelle faßt die Eigenschaften sowie typische Daten zusammen.

Glühlampe

+ preisgünstig   - geringe Lichtausbeute ca. 15 lm/W
+ steuerbar   - geringe Lebensdauer ca. 1000 h
+ anpassungsfähige Bauweise - starke Wärmeentwicklung

Der Leistungsbereich von Glühlampen reicht von 25 W bis 1000 W.

Halogenlampe

+ Lebensdauer ca. 2000 h   - Vorschaltgerät ist erforderlich
+ Lichtausbeute ca. 33 lm/W   - sehr starke Wärmeentwicklung
+ gleichmäßige Lichtausbeute
+ kleine Bauweise

Der Leistungsbereich reicht von 5 W bis etwa 500 W.

Leuchtstofflampe

+ Lebensdauer ca. 8000 h   - Vorschaltgerät ist erforderlich
+ Lichtausbeute ca. 60 lm/W   - Sondermüll
+ gleichmäßige Lichtausbeute
+ geringe Wärmeentwicklung

Der Leistungsbereich reicht von 4 W bis 140 W.

6.6 Beispielrechnung für die Auslegung einer Beleuchtungsanlage

Es soll eine Bürobeleuchtungsanlage dimensioniert werden. Der Raum weist die Maße: Länge a = 10m; Breite b = 7 m und die Höhe beträgt H = 2.8m. Die Decke ist weiß, die Wände sind cremefarben und der Boden besitzt einen grauen Belag. Die Schreibtischhöhe wird mit H_1 = 0.80 m angesetzt.
Für die Beleuchtung werden Leuchtstofflampen in Lamellen-Rasterleuchten verwandt.

Gegeben:
Raumgröße: a = 10 m; b = 7 m; H = 2.8 m; H_1 = 0.80 m
Decke ist weiß   => Reflexionsgrad   = 0.8
Wand ist cremfarben   =>   "   = 0.5
Bodenbelag ist grau   =>   "   = 0.3

Büroräume müssen nach DIN 5033 Teil 2 mit 500 lm beleuchtet werden.
Die Beleuchtung mit Lamellen-Rasterleuchten in Deckenmontage hat einen Leuchtenbetriebswirkungsgrad von 0.65 /3/ zur Folge, bei vorwiegend direkter Beleuchtung.

Gesucht:
Die Anzahl und der Typ (40W oder 65W) der Leuchtstofflampen.

Rechnung:
Leuchthöhe über dem Arbeitsplatz: h = H - H_1 = 2.80m - 0.80m = 2m
Raumindex: k = (a * b)/(h * (a+b) = (10m * 7m)/(2m * (10m+7m)
        k = 2.06
Raumgröße: A = a * b   = 10m * 7m   = 70m²
Reflexionsgrad; Decke = 0.8; Wände   = 0.5; Boden = 0.3

=> Aus dem Raumindex, den Reflexionsgraden und der Angabe der vorwiegend direkten Beleuchtung, läßt sich der Raumwirkungsgrad bestimmen. Aus der Tabelle Kap. 6.1.4 läßt sich der Raumwirkungsgrad durch Interpolation berechnen.

k = 2 η_R = 0.73
k = 2.5 η_R = 0.80   => k   = 2.06 η_R= 0.74

Beleuchtungswirkungsgrad: $\eta_R = \eta_L * \eta_R$ = 0.65 * 0.74 = 0.48

Auswahl an Leuchtstofflampen in Stabform:
    NL 40 W/25 => 2500 lm   NL 65 W/25 => 4000 lm

Die Lampenzahl errechnet sich aus der Gleichung:
    $n = (1.25 * E * A)/(\Phi * \eta_B)$ (6.5)

1.25 wird hier als Faktor eingerechnet, um den Rückgang des Lichtstroms über die Zeit zu berücksichtigen, die durch Alterung der
Leuchtmittel, sowie durch die Verschmutzung der Leuchten zwangs-
läufig auftritt.

Für den Lampentyp NL 40 W/25 ergibt sich:
    $n = (1.25*E*A)/(\Phi * \eta_B) = (1.25 * 500 lx * 70 m^2)/(2500 lm * 0.48)$
    n = 36.5

Für die Raumbeleuchtung werden 37 Leuchtstofflampen in Lamellen-
Rasterleuchten benötigt.

Für den Lampentyp NL 65 W/25 ergibt sich:
    $n = (1.25 * 500 lx * 70 m^2)/(4000 lm * 0.48) = 22.7$

Für die Raumbeleuchtung werden lediglich 23 Leuchten benötigt.
Aus Gründen der Symmetrie wird man jeweils die nächsthöhere gerade
Zahl an Lampen wählen. Die Lampenzahl erhöht sich somit auf 24.
Bezogen auf die Raumlänge a = 10m wird man hier die Variante mit
dem NL 65W/25 Leuchten wählen und vier Lichtbänder a'6 Lampen
anbringen. Eine Lampe besitzt die Länge von 1.50 m, d.h. die Lichtbänder wären ca. 9 m lang.

6.7 Abschätzung der Leuchtenzahl

Für die überschlägige Abschätzung einer Beleuchtungsanlage gibt es
eine Faustformel, die nicht unerwähnt bleiben soll. Dabei wird von einer
Beleuchtungsstärke E = 100 lx und einem Beleuchtungswirkungsgrad
von 0.35 ausgegangen. Für eine Glühlampe wird eine Lichtausbeute
von 15 lm/W angenommen. Die Leuchtstofflampe wird mit 60 lm/W angegeben.

Die Ableitung der Formel wird hier kurz dargestellt:
    $n * \Phi = (E * A)/\eta_B$
    $\eta = \Phi/ P$ $=>\Phi=\eta *P$

$$n * \eta * P = (E * A)/\eta_B; \text{ mit } n = 1$$
$$P / A = E / (\eta_B * \eta) \qquad\qquad\qquad (6.6)$$

Für die oben erwähnte Glühlampe ergibt sich:
$$P / A = 100 \text{ lx} / (0.35 * 15 \text{ lm/w}) = 19.05 \text{ W/m}^2 \sim 20 \text{ W/m}^2$$
d.h. um einen Raum mit 100 lx zu beleuchten, benötigt man 20 W/m²
elektrische Leistung der Glühlampen.

Für Leuchtstofflampen ergibt sich ein günstigerer Wert:
$$P / A = 100 \text{ lx} / (0.35 * 60 \text{ lm/W}) = 4.76 \text{ W/m}^2 \sim 5 \text{ W/m}^2$$
Für das oben angegebene Beispiel, einer Büroleuchtanlage, erfolgt die Abschätzung mit den eben berechneten Werten für die Leistung pro Quadratmeter.

$$P = 70\text{m}^2 * 5 \text{ W/m}^2 = 350 \text{ W bei } 100 \text{ lx Bleuchtungsstärke}$$
$$P' = P * 500 \text{ lx} / 100 \text{ lx} = 1750 \text{ W bei } 500 \text{ lx}$$

Lampenzahl: $n = P' / \text{Lampenleistung} = 1750 \text{ W} / 65 \text{ W} = 26.92 \sim 27$

Die Abweichung gegenüber dem genauen Ergebnis von 23 Leucht-stofflampen liegt in der Differenz der Beleuchtungswirkungsgrade, da für die Abschätzung mittlere Werte angenommen werden. Die Abschätzung ist trotz der Toleranz für schnelle Aussagen bei Umbaumaßnahmen oder Baustellenbesichtigungen etc. aussagekräftig und sinnvoll, entbindet aber nicht von einer genauen Berechnung!
Zum Abschluß dieses Kapitels, noch eine Anmerkung zur direkten Arbeitsplatzbeleuchtung. Bei Zusatzbeleuchtung durch Schreibtischlampen oder ähnliches, ist darauf zu achten, daß das Beleuchtungsverhältnis zwischen Raum- und Arbeitsplatzbeleuchtung kleiner als 1:3 ist, da sonst eine schnelle Ermüdung der Augen eintritt.

6.8 Literaturverzeichnis

/1/ Bayerisches Landesinstitut für Arbeitsschutz; Beleuchtung am Arbeitsplatz; München

/2/ Fachkenntnisse Elektrotechnik, Fachstufe 1 Energietechnik; Verlag Handwerk und Technik Hamburg; 1979

/3/ Friedrich Tabellenbuch Elektrotechnik/Elektronik; Ferd.Dümmler Verlag; Bonn; 1989

/4/ Naturwissenschaft und Technik; Brockhaus Band 2 und 3; Mannheim; 1989

/5 Tabellenbuch Elektrotechnik; Europa Lehrmittelverlag; 9. Auflage; Wuppertal

7. Elektro-Wärme im industriellen Einsatz

7.1 Anwendungsbereiche

Ein Teil der elektrischen Leistung wird dazu genutzt, Wärme in den verschiedensten Anwendungsbereichen zu erzeugen. Der Begriff Wärme umfaßt hier Temperaturen von 20 °C bis ca. 40.000 °C. Es stellt sich in diesem Bereich die Frage: Wieso wird die hochwertige Elektroenergie zur einfachen Wärmeerzeugung genutzt? Die Elektroenergie ist, verglichen mit anderen Energieträgern wie Kohle, Gas und Öl, sehr teuer. Der Gesamtwirkungsgrad von der Primärenergie im Kraftwerk bis zur Elektrowärme ist denkbar schlecht, er liegt im Bereich um 30 %, jede durchschnittliche Ölheizung erreicht ca. 80 %.

Welche Gründe sprechen also für die Elektrowärme? Einige sind nachfolgend aufgelistet.

+ Anpassung der Temperatur an den Bedarf
+ hohe Energiekonzentration, d.h. kleine Ofenbauweise
+ einfache und exakte Regelung der Temperatur
+ Automatisierung der Temperaturregelung ist einfach möglich
+ einfache, bequeme Energieversorgung (keine Vorratshaltung)
+ der Ofenbau ist fast an jedem beliebigen Ort möglich
+ Anpassung der Ofenform an technische und betriebliche Belange
+ wenige bauliche Maßnahmen sind erforderlich

Die eben aufgeführten Gründe sprechen für die Elektrowärme. Die Einsatzbereiche lassen sich bei der Elektrowärme in zwei große Gruppen aufteilen.

- Haushaltsgeräte
- Inudstriegeräte

In jedem Haushalt finden wir eine Vielzahl von Elektrogeräten, die Wärme erzeugen und uns täglich das Leben einfacher gestalten helfen, diese werden aber in diesem Kapitel ausgespart. Das Hauptaugenmerk richtet sich auf die Industrieöfen.
Trotz der teuren Elektroenergie findet man in der Industrie zunehmend Elektroöfen. Hier spielt in erster Linie die Verfügbarkeit und die Errichtung von Öfen an günstigen Stellen für den Produktionsablauf, sowie die verbrennungslose Wärmeerzeugung eine entscheidene Rolle.
Im Gegensatz zu Haushaltsgeräten, die zum überwiegenden Teil die Wärme durch Widerstandsheizungen gewinnen, gibt es in der Industrie vier gleichwertige Verfahren Wärme zu erzeugen.

1. Die Widerstandsheizung wird für Wärmebehandlung, wie Härten eingesetzt.
2. Die Lichbogenheizung dient zum Schmelzen von Eisen- und Stahlschrott.
3. Die induktive Beheizung dient zur Wärmebehandlung elektrisch leitender Werkstoffe, z.b. zum Härten bzw. Anlassen von Werkzeugen.
4. Die kapazitive Beheizung wird zur Wärmebehandlung elektrisch nichtleitender Werkstoffe, z.b. beim Kunststoffschweißen verwandt.

7.2 Die Widerstandheizung

Es gibt zwei Arten von Widerstandheizungen.
- Indirekte Heizung:
  Die Wärme wird durch Heizelemente erzeugt und durch Wärmeleitung, -konvektion oder -strahlung auf das Schmelzgut übertragen. Mit diesem Verfahren können Temperaturen bis zu 2700 °C erreicht werden. Angewandt wird diese Heizungsart bei Ziegelbrennen, Emaillieren, Härten von Werkzeugen.
- Direkte Heizung:
  Das Schmelzgut wird direkt vom Strom durchflossen und erwärmt sich somit. Die Stromzuführung erfolgt über Elektroden aus Kohlenstoff, die auch verbraucht werden. Dieses Verfahren wird nur beim Schmelzen von Schrott angewandt.

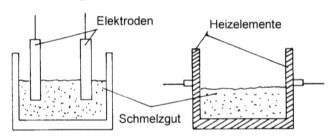

Bild 7.1: Die direkte Heizung   Bild 7.2: Die indirekte Heizung

7.3 Die Lichtbogenheizung

Mit diesem Verfahren ist es möglich sehr hohe Temperaturen im Bereich von 10.000 °C zu erreichen. Die Wärme wird durch einen Lichtbogen erzeugt, der zwischen zwei oder mehreren Elektroden gezündet wird. Angewandt wird die Lichtbogenheizung zur Gewinnung von Edelstahl.

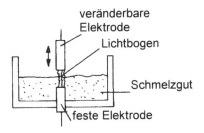

Bild 7.3: Die Lichtbogenheizung

7.4 Die induktive Beheizung

Die meistverwandte Bauart von Idustrieöfen ist die mit induktiver Heizung. Die Wärme entsteht dabei im elektrisch leitenden Schmelzgut. Die Leistung wird, wie bei einem Transformator, durch Induktion auf das Material übertragen.
Die meisten Induktionsöfen werden mit mittleren Frequenzen bis zu einigen 100 kHz betrieben. Angewendet wird dieses Verfahren zum Schmelzen von Schrott, zur Oberflächenhärtung, zum Löten etc..

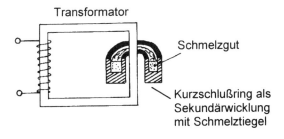

Bild 7.4: Der Induktionsofen

7.5 Die kapazitive Beheizung

Die Materialbeheizung erfolgt durch hochfrequente Wechselfelder, deren Frequenzbereich von 10 MHz bis ca. 3 GHz reicht. Die Wärme entsteht durch Reibungsverluste, sich in Resonanz befindlicher Moleküle, im Material.
Anwendung findet dieses Verfahren beim Trocknen von Holz, beim Aushärten von Kunstharzen und beim Schweißen von Kunststoffen.

7.6 Literaturverzeichnis

/1/ AEG-Hilfsbuch Teil 2; 1971
/2/ Fachzeitschrift: Elektrowärme International 10/90

Formelzeichen

A_{Fe}	Fläche eines Eisenkerns
B	magnetische Flußdichte
C	Kapazität
d	Durchmesser
E	Beleuchtungsstärke
F	Kraft
f	Frequenz
g	Fallbeschleunigung
h	Höhe
I_1	Primärstrom
I_2	Sekundärstrom
I_{1N}	Primärnennstrom
I_{2N}	Sekundärnennstrom
I_A	Anzugsstrom oder Ankerstrom
I_d	Gleichstrom
I_f	Feldstrom
I_L	Leiterstrom
I_N	Nennstrom
I_{St}	Strangstrom
J	Stromdichte
k	Gleichrichtfaktor
L	Induktivität
l	Leitungslänge
m	Spannungsfaktor oder Masse
M	Drehmoment
M_A	Anzugsdrehmoment
M_N	Nenndrehmoment
n_f	Drehfelddrehzahl
n_N	Nenndrehzahl
n_S	Schlupfdrehzahl
n	Drehzahl
P	Wirkleistung
P_M	mechanische Wirkleistung
p	Polpaarzahl
Q	Blindleistung oder Durchfluß

R_{Cu} Kupferwiderstand einer Wicklung
R_{Fe} Eisenverluste
R' transformierter Widerstand
r Radius

s Schlupf
S_B Bauleistung eines Spartransformators
S_D Durchgangsleistung eines Spartransformators
S_N Nennscheinleistung

T Periodendauer
t Zeit

$ü$ Übersetzungsverhältnis
U Spannung
U_0 Maximalspannung
$u(t)$ zeitlich veränderbare Spannung
U_{10} Oberspannung
U_{20} Unterspannung
U_{1N} primäre Nennspannung
U_{2N} sekundäre Nennspannung
U_d Gleichspannung
U_G Spannungsabfall über eine Diode
u_k relative Kurzschlußspannung
U_k Kurzschlußspannung
U_L Leiterspannung
U_S Strangspannung
u_1 Primärspannung
u_2 Sekundärspannung

v Geschwindigkeit

W physikalische Arbeit
w Windungszahl
w_1 primäre Windungszahl eines Tranformators
w_2 sekundäre Windungszahl eines Transformators

X_h Hauptinduktivität eines Transformators
X_s Streuinduktivität eines Transformators
X'_{S2} transformierte Streuinduktivität

Z_1 primäre Scheinwiderstand
Z_2 sekundäre Scheinwiderstand
Z komplexer Widerstand

152

ω Kreisfrequenz $\omega = 2 * \pi * f$

φ magnetische Fluß

η Wirkungsgrad

α Winkel zwischen Ständer- und Läufermagnetfeld

$\cos\varphi$ Wirkleistungsfaktor

$\sin\varphi$ Blindleistungsfaktor

Sachregister